听，这座水闸会说话

——曹娥江大闸水情知识读物

绍兴市曹娥江流域中心　编

中国水利水电出版社
www.waterpub.com.cn
·北京·

图书在版编目（CIP）数据

听，这座水闸会"说话"：曹娥江大闸水情知识读物 / 绍兴市曹娥江流域中心编. -- 北京 ：中国水利水电出版社，2024. 12. -- ISBN 978-7-5226-3151-6

Ⅰ. TV66-49

中国国家版本馆CIP数据核字第20255MP378号

审图号：GS（2025）2531 号

书　　名	听，这座水闸会"说话"——曹娥江大闸水情知识读物 TING，ZHE ZUO SHUIZHA HUI "SHUOHUA" —— CAO'E JIANG DAZHA SHUIQING ZHISHI DUWU
作　　者	绍兴市曹娥江流域中心　编
出版发行	中国水利水电出版社 （北京市海淀区玉渊潭南路 1 号 D 座　100038） 网址：www. waterpub. com. cn E - mail：sales@ mwr. gov. cn 电话：（010）68545888（营销中心）
经　　售	北京科水图书销售有限公司 电话：（010）68545874、63202643 全国各地新华书店和相关出版物销售网点
排　　版	中国水利水电出版社微机排版中心
印　　刷	天津嘉恒印务有限公司
规　　格	184mm×260mm　16 开本　14 印张　163 千字
版　　次	2024 年 12 月第 1 版　2024 年 12 月第 1 次印刷
定　　价	**98.00 元**

组织委员会

总策划： 盛林炳

主　任： 何钢伟

副主任： 徐　旻　　过寒超　　汪国娟

委　员： 孟宇婕　　沈晓菁　　谢铖铖　　杜雨桑　　丁贯西

　　　　　　茹静文

编纂委员会

主　编： 过寒超

副主编： 孟宇婕

编　委： 沈晓菁　　谢铖铖　　杜雨桑　　丁贯西　　茹静文

　　　　　　郑满珊　　朱鹏宇　　张锡林　　陈佳圆　　陈平安

写在前面

　　水，是生命之源，亦是文明之脉。从上古大禹治水的传说，到都江堰的千年灌溉，中华民族的治水史，既是一部与自然博弈的奋斗史诗，也是一曲敬畏自然、和谐共生的智慧长歌。曹娥江，这条蜿蜒于浙东大地的母亲河，用它的丰沛与激荡，滋养了稻香鱼肥的绍兴平原，也见证着人水千年的壮阔历程；曹娥江大闸，这座巍然屹立于曹娥江入海口的宏伟水利枢纽，用它的坚定与忠诚，铸就了抵御潮患、守护安澜的水利丰碑，也镌刻了一部现代科技与人文精神相融相依的立体典籍。

　　为深入总结曹娥江大闸的工程技术成就、水情管理经验及流域文化内涵，进一步普及水情知识，提高公众对水利工程的认知体悟，增强全社会的水患灾害意识、节水观念和水文化认同，我们精心组织编写了《听，这座水闸会说话——曹娥江大闸水情知识读物》一书。全书立足曹娥江大闸枢纽工程，以水为媒，将历史、科技、生态与文化熔铸一炉，努力为公众开启一扇理解江河、敬畏自然、传承文明的门窗。

以水为鉴，照见文明之深

曹娥江的治水史，是一部浓缩的中华治水文明史。从东汉马臻筑鉴湖，到明代汤绍恩建三江闸，历代先贤以智慧与血汗驯服狂澜，书写了"化水害为水利"的传奇。而今日的曹娥江大闸，承袭古人之智，以现代科技之力，将防洪、排涝、蓄淡、生态修复等功能集于一身，成为浙东平原的"定海神针"。本书溯源千年治水脉络，既是致敬先民智慧，亦是诠释当代水利精神，并力求在回溯历史中传递"水利万物而不争"的深邃哲思。

以闸为钥，解密科技之光

曹娥江大闸，被誉为"中国河口第一大闸"，其闸址选择之精妙、结构设计之创新、调度系统之智能，无不凝聚着现代水利科技的结晶。面对钱塘江潮涌与河海交汇的复杂水文，大闸建设者们凝聚了"以静制动"的智慧，通过精准的闸门联控与生态化调度，实现了水沙平衡、咸淡分治。本书试图以通俗笔触解读专业图纸，用生动案例剖析技术难点，既为水利从业者提供参考，亦让普通读者得以窥见"大国重器"背后的科技密码，感受"人水共生"的现代智慧。

以书为桥，传递生态之思

水利工程，终需回归"以水惠民、以水润城"的本源。曹娥江大闸的建成，不仅终结了流域"洪潮夹击"的困局，更通过生态补水、水质调控等功能，重塑了河网水系的生机。然而，治水之路未有穷期：闸下淤积的治理、河口湿地的保护、水资源的可持续利用，仍是摆在当代水利人面前的考题。本书不避难题，既展现治水成就，亦呼吁全社会以"敬畏之心"护江河，以"共生之念"谋未来。

以知为炬，照亮传承之路

水情教育，关乎文明存续。本书的编纂，是将专业水利知识转化为公众语言的一次尝试。从"涌潮形成机理"到"闸坝运行原理"，从"鱼类洄游特性"到"节水护水实践"……我们期望，这本读物能为更多中小学生播撒探索水利的种子，为更多民众打开认知母亲河的窗口，激发全社会对水资源的珍视与保护之情。

江河奔流，不舍昼夜。每一滴水的故事，皆是文明与时光对话的见证。谨以此书，致敬历代治水先贤，献礼当代水利建设者，并寄语未来——愿此书成为一盏灯，每一位读者都能从中汲取力量；亦愿曹娥江畔，河清海晏，薪火永传，书写人水和谐的新篇章。

编者

2024 年 12 月

目 录

写在前面

一 我的"诞生"

第一节　家乡水情知多少...................................2

第二节　治水先辈来拓荒...................................14

第三节　河口大闸进化论...................................25

第四节　我的建设成长史...................................39

第五节　艰难岁月回忆录...................................50

二 我的"骄傲"

第一节　独一无二的技术创新.................................69

第二节　薪火相传的文化根脉.................................94

第三节　匠心独具的生态保护 118

第四节　灾害防御的"铜墙铁壁" 132

第五节　综合效益的全面发挥 150

三　我的科普

第一节　流域文化小讲堂 159

第二节　古代水利"万花筒" 174

第三节　新时代水利"接班人" 204

参考文献

我的「诞生」

我的家乡绍兴是一座有着2500年历史的文化名城，这座古城如同一颗镶嵌在江南的明珠，水系纵横交错，水库湖泊犹如散落的宝石。丰富的水资源滋养着这片土地，也造就了灿烂悠久的治水文化。上古大禹治水，汉代马臻开筑鉴湖，明朝汤绍恩修筑三江闸……世代居住在这里的祖祖辈辈，始终秉持着对水的尊重与爱护之心，用他们的智慧与辛劳，守护着这片水乡的纯净与美丽。而我，正是出生在这片丰腴的土地上，百年梦想一朝实现，在两江交汇的强涌潮地段，我用坚实的臂膀为平原百姓筑起了一道"铁壁铜墙"，成为了一座守护安澜的造福工程，开拓创新的时代工程，环境优美的和谐工程。

第一节

家乡水情知多少

近年来，随着一系列强化水环境保护措施的实施，我们家乡的河湖都重新焕发了活力。绍兴的每一条河流、每一个湖泊，不仅承载着当地人民对于美好生活的热切期盼，还生动地描绘出一幅人与自然和谐共处的动人画卷。这究竟是怎样一座"水灵灵"的城市呢？一起跟随我的脚步来看看吧！

一　水城绍兴

水在城中，城在水中。

交织错落的河道，纵横密布的水巷，演变成了越中山水的血肉风骨，又在社戏和黄酒的声色中，塑造着东方水城的独特灵魂，流淌出城之古韵、水之风情。

绍兴，一座始建于越王勾践七年（前490）的越国都城，距今已有2500余年历史。站在历史的长河中，转身回望这座城，我们发现这座城不仅地理位置不变，古今城址相合，而且还在继续使用，仍然是当地政治、经济、文化中心。正如郦学泰斗、历史地理学家陈桥驿先生所说："在目前我国存在的古老城市中，这个城市（指绍兴）还有大量的古迹未曾泯灭，有利于现场的勘察。譬如，在城内，自从南北朝末期划分的山阴、会稽两县的县界，至今还有很长段落依然存在，而从汉晋以至唐宋的地名，包括街道、河渠、坊巷桥梁等等，很大部分至今仍然沿用。"[1] 这在我国古都发展史乃至城市发展史上，都称得上是个奇迹。

绍兴水城，自春秋战国时期的越国都城，到秦汉六朝时期的会稽郡（县）城，终在隋唐五代至北宋时期的越州，完成由西城东郭形制向内外城即"套城"形制转变的同时，逐渐形成个性鲜明的水城格局。唐代诗人张籍称越州为"无家水不通"的江南水城，北宋王安石也赞美越州"越山长青水长白，越人长家山水国"。明代地理学家王士性考证越州水城的形成指出："此本泽

---

① 陈桥驿：《历史时期绍兴城市的形成与发展》，载《吴越文化论丛》，中华书局，1999年，第375-376页。

乌篷悠悠（阮关利 摄）

国，其初只漫水，稍有涨成沙洲处则聚居之……久之，居者或运泥土平基，或作圩岸沟渎种艺，或浚浦港行舟往来，日久非一时，人众非一力，故河道渐成，甃砌渐起，桥梁街市渐饰……"① 由此可见，越州城之所以成为水城，无疑得益于其所处的自然地理环境。而长期生活于此的越人，其生活需求也成为建设水城的动力。

而南宋时期，绍兴水城发展达到飞跃期，绍兴府建成了水偏门、都泗门等6座水门，平原水网与城内河道合为一体，形成新的水系格局。嘉定十四年到十七年（1221—1224），郡守汪纲等对罗城及水陆城门和城内路、渠、桥等基础设施进行大规模修建完善，绍兴城内已建成了"一河一街""一河两街""有河无街"水城格局，并形成以南北向府河为主干，东西向河道为支流，河、池、漊、港纵横交错的水系网络。经过这次大规模的修建，绍兴城内的厢坊设置、街衢布局、河渠分布、规模范围等，基本定型，直到清末、民国都没有大的变化。水城的形态，在三个方面得以充分表现：

① [明]王士性：《广志绎》卷四，中华书局，1981年，第71页。

全城一张水网

据清光绪十九年（1893）所绘《绍兴府城衢路图》记载，在8.32平方千米的古城内，到清末尚有河道33条（包含护城河），加上外护城河，总长60千米，河网密度达到每平方千米7.2千米。另有港、溇多处，大小湖池27处，总水面约占全城面积20%。有桥229座，即城中每0.03平方千米就有1座。这在江南城市中也是绝无仅有的。

城内水网与城外水网有机融合

绍兴水城位于会稽山北麓的山会平原，而山会平原是经过越人长期辛勤劳动，由海侵海退后留下的沼泽地演变来的。面对这样的地理环境，越人通过城门很好地规划了城内水网与城外水网的关系：开设6处水城门，以确保入城和出城的流水畅达，主要分为三种形式：一为水城门，二为陆城门，三为水陆兼通城门。其次，水城门门口建立堰闸，以确保城内水网安全。城内水网主要靠引入城市上游的古鉴湖补充水量。

充分发挥护城河的城内外水位调节作用

至晚唐时期，越州"外池"已经形成，即外护城河，此后又增浚"内池"，即内护城河。万历《绍兴府志》记载："外池东广十丈，深一丈；西广八丈……内池俱广一丈八尺，深七尺。"

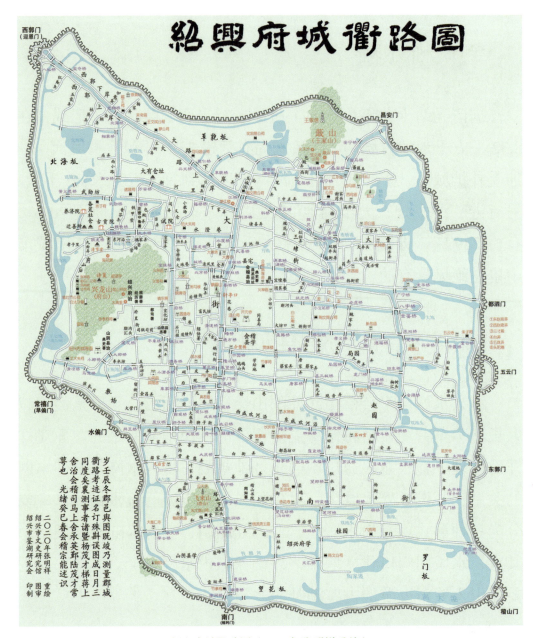

绍兴府城衢路图（2020 年张明祥重绘）

城墙内外分别开挖护城河，这是极为罕见的。尤其是城内护城河，能够增加与城外水网的沟通，是对 6 处水城门引水和排水的补充。

绍兴水城的特色是多方面的。这体现在城内是一张纵横交错的水网，有堪称独一无二的内外双重护城河，水城门多达 7 处且

呈不对称排列，等等。西兴运河连通城内，将城内南北向的三条主干河道串联在一起，从而激活了城内水网的连通功能。

绍兴水城，除了中国传统城市必须具备的防御功能之外，各种城池设施，几乎都是以"水"为中心展开，有满足军事安全、城市防洪、居民用水、水上交通乃至保持城内活动等功能的各种设施。

看画舫悠悠，美人珠帘；听说书评弹，戏曲连场。绍兴从千年古韵中走来，仿佛是画中泼墨的"青山隐隐水迢迢"，是枕河而居的"小桥通巷水依依"。她在乌篷茴香中摇开"柔橹一声舟自远"的畅快悠然，又在女儿精酿里沉淀"酒旗招展舞斜阳"的乡愁醉意。

于历代绍兴人而言，水城的记忆从不会因时间的流逝而淡化，因为这片生养他们的土地不仅有旖旎风光，更有傲然风骨，凝聚文化的血脉永远流淌。[①]

二　家乡的水资源

绍兴是著名的江南水乡，境内河流众多，主要分属钱塘江、甬江两大水系。全市多年平均水资源量为 63.02 亿立方米，人均水资源量 1196 立方米，低于全省平均水平 1512 立方米，属于中度缺水地区。

为了更好地推进水资源开发与利用，我们始终贯彻习近平总书记"节水优先"的新时期治水思路，全面实施节水行动和最严格水资源管理制度考核，严守水资源开发利用上限，从严从细管

① 节选自《浙水遗韵·理水绍兴》。

好水资源，万元 GDP 用水量和万元工业增加值用水量较 2015 年分别下降 48.6% 和 42.8%，用水效率明显提升。

原来节水还有这么多不同场景呀！

曹小娥

是呀，我们在家里更要养成节水的好习惯哦！

曹小江

家庭节水好习惯

1. 放水时用盛器，用多少放多少；水龙头随开随关，出门前、临睡前仔细检查水龙头是否关好，有无漏水。

2. 一水多用。洗脸水用后可以洗脚，养鱼的水可以用来浇花，淘米水、煮过面条的水用来洗碗筷；淘米水洗菜后，再用清水清洗。洗衣水擦门窗及家具，洗拖把、地板，再冲厕所。

3. 推广使用节水器具。拧紧水龙头，杜绝长流水；淘汰、改造落后的马桶等，都可达到节水效果。

三　家乡的水旱灾害

绍兴的防汛特点是"东台西梅，南洪北潮"。受大陆冷高压和太平洋副热带高压交替作用，6—7月间，冷暖气流在浙江西部、北部一带对峙时，出现长历时的梅雨天气，易发生大面积的梅涝，梅涝灾害以西部浦阳江流域和北部绍虞平原较严重。夏秋季节7—9月间，台风气旋活动频繁，易遭台风暴雨袭击，台风灾害以东部曹娥江流域较严重，其中柯桥、上虞两区海涂易受台风暴潮威胁。

⋯ 曹娥江流域

新中国成立以来，各级政府十分重视对曹娥江的治理，采取"蓄、分，疏、堤"相结合的治理措施，防洪条件发生了很大变化。但是目前，曹娥江流域防汛依然存在不少困难。一是澄潭江上游还缺乏控制性的拦路工程，不过镜岭水库的修建将会大大改善这种情况；二是新建标准堤（城）防还没有经历过大洪水的考验；三是水库、山塘隐患难免存在。

防汛小百科

什么是汛？

汛是指江河、湖泊等水域的季节性涨水现象。汛常以出现的季节（如春汛、秋汛等）或形成的原因命名（如梅汛、台汛、潮汛等）。

梅汛：江河流域内由于梅雨季节集中降雨汇流形成的江河涨水。

台汛：江河流域内由于过境台风所夹带暴雨汇流形成的江河涨水。

潮汛：滨海地区海水周期性上涨，如遇过境台风引发的风暴潮现象往往会产生较高的潮位，威胁海塘、江堤的安全。

浙江的洪涝灾害威力有多大？

洪涝灾害危害极大，可能会造成人员伤亡，导致水利、交通、电力、通信等基础设施破坏，农田、城镇、村庄等大面积受淹，农作物减产甚至绝收，耕地失去耕作条件，企业停工停产，影响正常的生活生产秩序等。同时，可能会造成河流改道、生态破坏、水环境污染，引发疫情，直接危及人民群众健康。

洪涝是浙江最严重的自然灾害之一。灾害多发生于6月至9月。6月中旬至7月中旬的梅雨季节，7月中旬至9月的台风季节，都易爆发洪涝灾害。

洪水图（源自网络）

哥哥，原来洪涝灾害这么危险，发生了险情我们应该怎么做呢？

曹小娥

是啊，我们要怎么保护自己呀？

曹小江

下面就且听我慢慢讲来～

大闸

1. 主动获取防汛知识

通过宣传活动学。政府部门会组织发放一些公众防灾知识读本、宣传册、宣传单等，张贴防汛宣传图片，举办防灾减灾知识讲座，大家要留意这方面的活动，积极主动参与。

通过媒体学。广播、电视、报刊等媒体有时会播出或刊登防汛方面的知识内容，大家要注意收听收看。

2. 家里常备防汛物品

家里平时要准备蜡烛、手电筒、收音机、应急灯、雨具、木板、盛水舀水器具等应急物品，有条件的家庭最好准备一个应急救援包，内备有绳索、锤子、剪刀、哨子等应急工具以及碘酒、胶布、止血带等应急医药用品。

3. 定期参与防汛演练

为保证防汛应急工作依法、科学、有序、高效进行，各级政府及基层组织制定了防汛应急预案，并定期或不定期地开展演练，以提高实战能力。防汛演练需要群众参与，才能取得实效，因此，大家要积极参加当地政府及防汛指挥机构组织开展的防台风演练，特别要熟悉避灾转移预警信号以及转移路线和避灾场所。

四 家乡的水环境

近些年来，我们的家乡生态保护成效明显，形成了以会稽山为生态绿心、浦阳江和曹娥江为两条蓝带水脉的生态保护空间格局，但绍兴经济发达，人口产业高度集聚于北部绍虞平原、虞北平原区和嵊新、诸暨两大盆地区，水资源水环境承载压力大，水生态环境治理和保护任务依然很艰巨。

绿水青山就是金山银山，为了全面改善浙江的水生态环境，2013 年，浙江作出了治污水、防洪水、排涝水、保供水、抓节水的"五水共治"决策部署，以治水为突破口，开展了一系列治污行动，为我国其他地区水污染治理提供了有益借鉴。

科普小讲堂

"五水共治"整治行动的主要任务包括哪些?

治污水: 加强源头污染治理。包括农村生活污水、农业面源污染和企业污水排放的整治,实现污水稳定达标排放。同时,疏通洁净河网水系,清理河道两岸垃圾、废弃物等。

亚运会期间河湖清淤

防洪水: 重点推进强库、固堤、扩排等工程建设,治理洪水之患,确保防洪安全。

排涝水: 重点在于强库堤、疏通道、

河湖日常行洪排涝检查

攻强排,打通断头河,着力消除易淹易涝区,提高排水能力。

保供水: 推进开源、引调、提升等工程建设,保障饮水之源,确保供水安全。

抓节水: 抓好水资源的合理利用,形成全社会亲水、爱水、节水的良好习惯。

第二节

治水先辈来拓荒

在我之前，绍兴就是一片治水的热土，许许多多的前辈们都在这里进行着自己的探索。

大闸

我知道，我们每年都会举行的"公祭大禹"，就是为了纪念这位治水英雄呢！

曹小江

还有马臻、汤绍恩……

曹小娥

一　大禹

古城之南，会稽之巅。一位身披斗篷、手持耒耜的"使者"静静地伫立着，庇佑这座城市风调雨顺，年登岁稔。他便是绍兴人再熟知的治水英雄——大禹。

大禹治水是中国古代著名的民间故事。传说禹是鲧的儿子，他们都是黄帝的后代。在三皇五帝时期，黄河泛滥，水患无穷，人们都在苦难中挣扎，鲧、禹父子二人负责治水。鲧用堵的方法，就是修堤坝堵截洪水，他带着很多人，修了很多高高的堤坝，但洪水还是把堤坝冲毁了。鲧花了九年时间治水，但没有成功，水灾反而更严重了。

后来禹去治水，他从父亲的治水失败中汲取教训，采用疏导的办法治水。禹认为治水必须顺着水性，他从低处挖取石块和泥土增高山坡，让水向低处流去。这真是一个不错的治水方法，后来被很多人学习和采用。

为了治水，禹左手拿着准绳，右手拿着规矩，走到哪里就量到哪里。禹每发现一个地方需要治理，就去各个部落发动群众来施工，每当水利工程开始的时候，他都和群众一起劳动，吃在工地，睡在工地，挖山掘石，披星戴月地干。在治理洪水的过程中，他创造了多种测量工具和测绘方法。

相传，禹新婚不久便开始治水，为了治水，他到处奔波，好几次经过自己的家门口都没有进去。禹走遍神州各地，察看水情，治理洪水，他舍己为公的精神被人们广泛称赞。今天我们说的"三过家门而不入"就是指大禹的故事。经过 13 年的努力，终于把

洪水引到大海里去，地面上又可以种庄稼了。后人为称颂禹治水的功绩，尊他为大禹。因为禹治水有功，大家都推选他继舜之后任部落联盟首领。

大禹的贡献首先是治洪水。在当时部族分裂的情况下，他很有见地地制定了"天下一统"的治水方针，创造性地采用了"导山治山"的方法。传说禹安排助手伯益修撰《山海经》，第一次记载了中华大地上的山川河流、人物以及飞禽等。惊心动魄的水患终于被制服了，长期奋战在水患第一线的大禹来到茅山（今浙江绍兴城郊），召集诸侯，计功行赏，组织群众利用水土发展农业，恢复生产。伯益教群众种植水稻；后稷教群众种植不同品种的作物，在湖泊中养殖鱼类、鹅鸭，种植蒲草，水害变成了水利。聪明的伯益还发明了凿井技术，使农业生产有了较大的发展，处处一派五谷丰登、六畜兴旺的景象。

如今，在绍兴会稽山山麓，坐落着一处集陵、庙、祠于一体的建筑群——大禹陵，这是人们为了纪念和敬拜大禹这位治水英雄而修建的。自秦始皇伊始，大禹陵作为中国历史上第一个王朝缔造者禹的葬地，成为全国唯一的祭祀大禹中心地。每年的谷雨时节，绍兴大禹陵都会举行盛大的公祭典礼，追思先贤，弘扬大禹精神。松柏常青，古迹处处。漫步大禹陵，总能近距离感受这位治水英雄、立国始祖的魅力。

会稽山大禹铜像（马亦梅　摄）

二　马臻与鉴湖

马臻（88—141），字叔荐，扶风茂陵（今陕西兴平）人。东汉顺帝永和（140）任会稽（今浙江绍兴）太守，创建了东汉时期江南最大的蓄水灌溉工程——鉴湖（又称镜湖、长湖等），大大促进了绍兴地区经济社会的发展。后人尊其为"鉴湖之父"和江南水利的奠基人。

古越大地，平原多沼泽。东汉年间，持续的大雨时常引发山洪肆虐，无数越地百姓农田被冲毁、房屋被冲垮，一时百姓悲号震天。人们想不到，改变这一切的，会是一位在东汉时期上任的会稽太守。这位太守到任之后，了解到灾情，立刻详细查勘，制定了修建鉴湖的工程规划方案。他发动群众，创建"八百里镜湖"，实现了上蓄洪水，下拒咸潮，旱则泄湖溉田，涝则排水入海，使山会平原成为旱涝保收的鱼米之乡。可没料到的是，这位太守却

鉴湖（钱科 摄）

被地方豪强诬陷，称其耗用国库，毁坏庐墓，淹没良田，溺死百姓，最终被处以极刑。究其原因，因鉴湖工程建设之初淹没当地大户的土地、房屋和坟冢，触犯了地方豪强的利益，遭到激烈反对，于是怀恨在心的地方豪强就采取这样的卑劣手段进行报复。

马臻像

太守沉冤，万人痛祭。会稽百姓悲愤不平，暗地冒着生命危险，不惜重金将其遗骸运回会稽，葬于郡城偏门外的鉴湖之畔。会稽人民没有忘记兴民利的太守，更要把这故事代代相传下去。

　　如今，我们漫步在鉴湖畔，望着平静如镜的湖面还会时常想起这位"鉴湖之父"——马臻，他不只在绍兴，更是在整个中国水利史上万古留名。

三　贺循与西兴运河

　　贺循（260—319），字彦先，会稽郡山阴县人。两晋时期名臣。贺循初任五官掾、阳羡县令、武康县令、太子舍人等职，在地方颇有政绩。后退居会稽，参与讨伐石冰之乱，又拒绝叛将陈敏的封赏。琅玡王司马睿（后为晋元帝）出镇建业后，贺循应邀为其效力，历任吴国内史、军谘祭酒、太常等职，朝廷遇到疑难事，都向他咨询，贺循常常据礼回答。贺循博览群书，善作文章，有文集五卷。

　　贺循在会稽内史任上，精心规划，考察地形，发动民众，开凿西起西陵（今萧山西兴），经萧山、钱清、柯桥到会稽郡城的一条50千米长的人工运河——西兴运河。后又组织民众修治与此相连接的其他河道，形成了会稽、山阴地域纵横交织的水网，使各河道的水互相流通，调节水位，保证农田灌溉的需要；不仅改善了地域的水环境，提高了鉴湖的水利功能，给人以灌溉、舟楫、养殖、渔业之利，而且为整个浙东地区带来交通、物流、军事之便，可谓"功在一代，泽被千秋"。

　　仰视运河之畔的贺循塑像，似见贺循并未离去，仍在注视着新时代浙东运河日新月异的风貌。

运河园贺循像

科普小讲堂

西兴运河

西兴运河又称萧绍运河、官河等,是浙东运河的源头,也是大运河的重要组成部分。

西兴运河肇始于绍兴境内的山阴故水道(始建于春秋时期),由会稽(今绍兴)内史贺循(260—319)在西晋永嘉元年(307)前后主持开凿,自会稽郡城西郭门(今迎恩门)出发,经过柯桥、钱清、萧山,直到钱塘江边的西兴渡口(古称西陵),当时叫西陵运河,五代吴越国时改称西兴运河。它沟通了山阴故水道、曹娥江及通往宁波的河流,从而形成浙东运河的雏形。

开凿之初，西兴运河的主要功能是灌溉和排涝，在航运方面的功能有限。在经过后世千余年的经营维护，它的航运功能逐渐得到发挥，成为推动这一带地区社会经济发展的重要因素。1949年以后，萧山实施水系调整、新开河道、砌石护岸、扩建阻水桥梁等工程，以改善河道，使这条古老运河融入城市发展的进程中，生生不息，奔涌向前。

西兴运河

浙东古运河——城区段

山阴故水道东湖段（叶青峰 摄）

四　汤绍恩与三江闸

"凿山镇河海，千年遗泽在三江，缵禹之绪；炼石补星辰，两月新功当万历，于汤有光。"这是明代才子徐渭为汤绍恩祠题撰的联句，高度赞扬了汤绍恩的丰功伟绩，他主持修筑了中国古代长江以南最大的河口大闸——三江闸，护佑古越大地安澜数百年。

明朝嘉靖年间，会稽、山阴、萧山三县之水均汇于三江口入海。由于潮汐作用，泥沙堆积。每当暴雨时节，就会引发平原内涝，致使良田淹没，水涝成灾。

汤绍恩到任绍兴知府后，察看山川地势，了解河道流向，在彩凤山与龙背山之间倚峡建闸，主持三江闸工程。历时6个月竣工，全闸28孔，以应星宿，闸身全部用块石垒成，石体巨大，每块重千斤以上。此外，在闸上游三江城外和绍兴府城内各立一石制水则，自上而下刻有"金、木、水、火、土"5字，以作启闭标准。

相传，汤绍恩为了修建水闸，呕心沥血，甚至"乍闻树叶声，疑风雨骤至，即呕血"，对风雨欲来忧心忡忡。他曾写了一篇文章给海神，躺在新筑的海堤上发愿，如果大堤再次功亏一篑，愿意与大堤一起归于大海。这种身先士卒的精神，感动了海神，甚至，还有海豚成群结队而来，阻挡滔天海水，终于风平浪静。

三江闸工程建成后，钱清江从此纳入山会平原的河湖系统之中，成为一条内河。钱清江以北的萧山平原诸内河也纳入该系统之中，形成了河湖密布、土地平整、灌溉方便、旱涝不虞的三江水系。山阴、会稽的水利面貌又一次得到了根本改变，潮汐出没的沼泽平原，改造成为富庶的鱼米之乡。

汤绍恩修筑三江闸时，西湖桥村一带有村民参与建设。三江闸的建成解决了水患灾害，造福了绍兴百姓。当时参加工程的村民回乡后，口耳相传汤绍恩修筑三江闸的事迹与治水精神，为纪念汤绍恩的功德，建立了"汤公庙"，后改为"汤太守之庙"。

科普小讲堂

汤绍恩与绍兴的缘分

《明史·汤绍恩传》记载："初，绍恩之生也，有峨眉僧过其门，曰：'他日地有称绍者，将承是儿恩乎？'因名绍恩，字汝承，其后果验。"意思是说，汤绍恩出生时，一位来自峨眉山的僧人路过家门口。僧人看到汤绍恩就问，今后将在绍兴造福一方百姓的人就是这个小孩儿吗？于是，汤父为孩子取名"绍恩"，字"汝承"。

汤绍恩像（摘自《汤氏族谱》）

历史已经证明，汤绍恩的确是对绍兴有恩的清官循吏，他似乎天生就是绍兴的恩人。后来他官至绍兴知府，在当地主持兴修水利工程，让绍兴成为鱼米之乡，百姓世世代代享受恩泽。

三江闸与汤公桥（何正东 摄）

河口大闸进化论

孩子们，你们知道吗？在绍兴治水史上啊，我并不是第一个守护我们平原河口的水闸哦。

大闸

原来，您还有前辈啊！那他们一定也很厉害。

曹小娥

他们都是谁呀？快给我们讲讲吧！

曹小江

从晚更新世以来，我国东部沿海出现过三次海侵和海退的海陆变迁过程。会稽山下当时是一片浅海，那个时候绍兴的地势要比现在低大概 3 米左右，海水直薄。后来海退了，到 5000 ~ 4000 年前左右时，绍兴仍是一片沼泽地，环境非常差，古越人大多生活在会稽山上，有的越人则在沿海岛屿以捕鱼为生。生活在宁绍平原的越人被迫迁徙进入四明、会稽山区，在此后的两三千年漫长岁月里过着刀耕火种的生活。

陈桥驿先生在《越族的发展与流散》一文中曾经有过这样的描述："越族居民在会稽、四明山地的山麓冲积扇顶端，俯视茫茫大海，面对着他们的祖辈口口相传的，如今已为洪水所吞噬的美好故土，当然不胜感慨。他们幻想和期待着有这样一位伟大的神明，能够驱走这滔天河水，让他们回到祖辈相传的这块广阔、平坦、富庶美丽的土地上去。"于是便有了远古大禹治水的传说。大禹是远古时候的一个治水英雄的缩影，是中国第一代的"河长"，也是我们远古部落许多治水英雄的一个缩影。

从古至今，绍兴在水利事业上取得过许多辉煌的成就。春秋时期越族对山麓、平原地区进行了零星的水利建设。围堤筑塘以改造沼泽地的水利措施，为后汉的鉴湖工程奠定了基础。鉴湖工程的完成，为山会平原北部沼泽地的垦殖创造了条件。到了唐代，沿海海塘全部修成，鉴湖的蓄淡功能逐渐为北部的河湖网所取代。随着鉴湖水体的逐渐北移，鉴湖也陆续遭到围垦终至湮废。鉴湖湮废后，家乡的水利建设重点就转移到以钱清江、西兴运河等为主的平原河网整治上来了。明代汤绍恩建三江闸，形成了能够被人们所控制的完整而稳定的水网系统。新中国成立后，在二十世纪七十年代又兴建了新三江闸，直到 2008 年，我作为第四代河口守门人横空出世，开启了崭新的河湖体系。

海塘图［摘自明万历十五年（1587）《绍兴府志》刻本］

... 口门大闸 1.0 版本——玉山闸

中国古代的水闸称水门或斗门，唐代以后始称水闸。挡潮闸是建于滨海地段或河口附近，用来挡潮、蓄淡、泄洪、排涝的水闸。

随着绍兴北部沿海大片土地开发耕种，需要灌溉的农田越来越多，离鉴湖也越来越远。但是鉴湖的自流灌溉模式无法实现山会平原土地的全面灌溉。古人已经看到，把海塘连成一线，截住河水，形成内河水系，使内河水成为灌溉水源。

海塘之前，绍兴的大小河流基本上是直通大海的，随着海塘

的逐步建成，堵住了这些通海河流的入海口，绍兴逐步形成了内河水系。海潮再也不能肆意地冲入绍兴城。内河水系水位的不断提高、蓄水量扩大，逐步替代了鉴湖水成为灌溉水源。随着海岸线的不断北移，绍兴的先民不断塘外建塘，使大片海涂成为良田。

海塘工程是绍兴水利的一次重大变革。早前斗门有简陋的玉山堰用于泄水，但时常带来灾害。后来在斗门古镇的两座小山之间，设立玉山斗门（最初称朱储斗门，后改建成玉山闸）。玉山闸是绍兴第一座具有蓄泄功能的口门大闸，标志着绍兴水利进入海塘阶段。

"会稽十乡，苦濒巨海，而塘护不固，人将为鱼。朱储斗门，民食所系。"（《重修山阴县朱储斗门记》邵权）说明了宋人对海塘和斗门的重视。

玉山闸是绍兴海塘工程的最早建筑，是浙北海塘的第一座水闸。陈桥驿先生在绍兴运河园中的《古玉山斗门移存碑记》写道："此是汉唐越中水利遗迹，亦为越人治水之千古物证。……兹岁绍兴市致力于古运河整治，而此千古水利遗迹，竟于斗门镇原地发现，石柱依旧，闸槽宛然，溯昔抚今，令人钦敬振奋。现移存此千古水工杰构于古运河之滨，用以展示越中水利文化之悠远璀璨，既可供后人纪念凭吊，亦有裨学者考察研究。特书数言，以志其盛。"

玉山闸其实是一座廊桥，原先闸桥上有很多建筑物，有戏台、阅报楼、国民党党部、张神殿等。后因在外江建三江闸，玉山斗门功能渐废，1954年被拆除。部分闸体保存在绍兴运河园。

玉山斗门闸［摘自明万历十五年（1587）《绍兴府志》刻本］

民国时期玉山斗门

口门大闸 2.0 版本——三江闸

2023 年 9 月 20 日，在考察浙东运河博物馆时，有一处水利工程模型吸引了习近平总书记驻足观看。这模型的原型便是三江闸。"这个闸现在还在吧？"习近平总书记俯身察看后问道。如今，历经近 500 年的三江闸虽作用已被曹娥江大闸所取代，却依然横卧于浙东三江之上。悠悠水脉，从古流淌至今。正是得益于一代代人的不懈努力，这漾漾清波方能绵延不绝、润泽大地。今天就让我们来探寻三江闸背后的故事，一览浙东江水的潮起潮落，洞悉治水故事里的赓续传承。

南宋时期，移民大量流入使得绍兴人口剧增，导致了大规模的围湖造田。鉴湖大片湮废，会稽山三十六源之水直接注入山会平原。加之钱塘江咸潮日至，拥沙堆丘，水利蓄泄的平衡彻底被打破，淡水咸化、洪涝成灾、运河壅塞。

这段时期是绍兴水利史上的"乱世"。绍兴急切渴望着一位治水之才。

明嘉靖十四年（1535），一个与绍兴有殊胜渊源的知府走马上任。他就是三江闸的主修者——汤绍恩。汤绍恩上任后的第一件大事，就是亲自勘查水道，力求弥平水患。他多次到三江口察看地形，见两山对峙，山下又有基石，便决定在此建闸。

当时，在水流湍急的江海交汇口建造大闸是难以想象的。这个外扼潮汐、内主泄蓄的"超级工程"一经提出就频遭质疑。一些乡绅觉得汤绍恩这是"精卫填海"，认为"节江制海"的观点简直愚不可及。

但汤绍恩甘心当这"精卫"。与他同时代的绍兴先贤季本用一首诗写尽其艰辛："水防用尽几年心，只为生民陷溺深。二十八门倾复起，几多怨谤一身任。"为了修建水闸，汤绍恩身先士卒，不遗余力，民间有传说连动物都被其感动：云鹤飞来助工、海豚带来吉兆。传奇的故事给三江闸修建增添了神秘色彩，也从侧面反映出工程之得人心、顺天意。

历时近一年，三江闸终于建成，全长 103 余米，设有 28 个闸孔。它是矗立于江海之会、御潮拒咸的"海上长城"，让 200 余里的山会海塘就此连成一片，化泽国为膏腴之地。

作为中国古代长江以南最大的河口大闸，三江闸"旱可蓄、涝可排、潮可挡"，数百年来持续发挥重要作用。

它到底有何特殊之处呢？

曹小娥

三江闸选址在古三江口、彩凤山与龙背山之间，它与配套的其他水利设施，共同组成了外挡海潮、内蓄淡水的三江水利体系。它的闸墩由千斤重的大石筑成，闸洞依天然岩基而定，深浅不一。闸的启闭则是通过"五行"水则碑来实现，如水至金字脚，则全闸开启；至火字头，则全闸关闭，定量调度堪称科学。其建筑结构和运行理念，领先世界同类工程 300 多年。

对于浙东诸地而言，三江闸可谓开创了水利新格局。三江闸的建成不仅平息了当时绍兴地区的水患，还开创了通过河口大闸全控平原水利的崭新格局，为之后修建曹娥江大闸等水利工程提

供了有益探索和经验。

汤绍恩又主持打通古鉴湖东塘、南塘。至此，绍兴形成了河湖密布、土地平整、灌溉方便、旱涝不愁的三江水系，也实现了鉴湖水系、三江水系与钱清江以北萧绍平原内河的一体化，让原本地广人稀的斥卤之地变成了土地肥沃的鱼米之乡，绍兴府也逐步升为"大府"。

斗转星移，至1981年新三江闸建成，三江闸完成了历史使命。而后，三江闸面被改造成公路，与一旁的汤公桥连通，承担着交通功能。

在"三江闸"身上，我们能学到什么呢？

曹小江

水兴则邦兴，水安则民安。数百年来，一代代人的努力让浙东地区所受旱涝之苦不断缓解，几近消失。而这背后的传承及意义值得我们探究。

水利工程的更替进步。前后历经 6 次大修，但三江闸淤阻情况日渐严重。1981 年，新三江闸应运而生，延续了三江闸防御海潮倒灌的作用，但随着围海垦涂扩大，曹娥江出海口逐步下移，闸下泥沙淤积的困扰再次出现，新的水利工程呼之欲出。

2005 年 12 月 30 日，时任浙江省委书记习近平同志宣布"曹娥江大闸枢纽工程开工"。2011 年，"中国第一河口大闸"曹娥江大闸建成投用，至此浙东地区开启了崭新的河湖体系。

治水文化的交融衍息。三江闸始建时原为三十孔，后因"潮浪犹能微撼，又填两洞，以应经宿。于是屹然不动矣"。古人认为，二十八孔与天上星宿相对应，能使三江闸变得稳如泰山。曹娥江大闸闸道也设置了二十八孔，并用角、亢、氐等星宿名作为闸孔编号，与三江闸一脉相承。

除开现代技术，曹娥江大闸还满是氤氲文气。在大闸周边遍布众多文化景观，如治水典故传说、名人说水章句以及数百块水文化石刻等，可谓水文相融、水景相依，深得文旅融合之妙处。

为民精神的传承发扬。"民之所忧，我必念之；民之所盼，我必行之"。大禹毕功于了溪、勾践修筑山阴故水道、东汉马臻开凿鉴湖、西晋贺循沟通浙东运河、汤绍恩修建三江闸，其目的都是以实心行实政，视民事如家事。

一片三江水，中涵今古情。历经岁月沉淀，水利工程运用的技术和具备的功能不断创新拓展。任凭沧海桑田、斗转星移，其安民、乐民、富民的初心和追求始终未变。

三江闸（1984年，盛建平 摄）

… 口门大闸 3.0 版本——新三江闸

建成 400 多年后，三江闸的功效逐渐衰减。据史料记载，三江闸自明嘉靖初建成，由于钱塘江下游出水主道经龛山、赭山间的"南大门"而入海，紧靠绍萧平原北缘海塘，闸外无涨沙之患，闸水畅泄，使"山会萧三邑之田去污莱而成膏壤"。但明末清初钱塘江下游出水主道改迁于赭山、河庄山间的"中小门"而出，以后又渐趋北，直至从河庄山、马牧港间的"北大门"入海。三江闸随着上述的"三门"变迁，闸外淤沙日积，继而出现阻滞宣泄的情况，绍萧平原的水旱灾害随之加剧。

明末以来的三百多年间，特别是新中国成立后的近三十年间，采取了浚港通流，保持了三江闸完好，但由于钱塘江下游出水主道一直稳定在"北大门"而出，塘外自西兴至三江闸一带形成广袤的沙涂，致平原的抗御水旱的能力得不到明显改观。抗涝能力不强，抗旱能力变弱，三江闸在内涝时往往因闸江淤阻或潮洪顶托，不敢过多地蓄高内河水位，一场大雨就可成灾，夏秋时晴热 30 天左右，平原就会出现用水紧张、局部受旱的情况。

随着海涂的不断围垦，到 1970 年冬，三江闸出口通道有 2.5 千米被马山围涂西堤和县围七〇丘东堤紧紧挟住，三江闸出口流道被淤沙封填，根本无法启门泄流，1972 年 7 月筑堤封堵了三江闸出海通道，使三江闸完成了长达 435 年光荣而沉重的历史使命。

三江闸的历史使命终结，导致绍兴平原水利形势日趋严峻。南部山区山塘水库滞蓄能力弱，山会平原河网滞蓄能力有限，水旱灾害频发：根据 1973—1979 年的资料，除 1975 年外，其余年份均发生洪或旱。在如此被动的水利形势下，迫切需要有一座新的大型排涝水闸来总领平原水系的蓄泄，以扭转水旱灾害频发的局面，新三江闸由此横空出世。

新三江闸

清光绪八年（1882）范寅所撰《论古今山海变易》一文有"不出百年，三江应宿闸又将北徙而他建矣"，一语成谶。

新三江闸的建成，扭转了建闸前平原旱涝频仍的被动局面，给绍萧平原带来了显著的工程效益，开创了平原水利新局面：缓解了平原的内涝威胁，增强了平原的抗旱能力，创造了极大的社会和经济效益，使平原内河水位稳定地保持在正常水位上下，有利于工农业生产和人民生活。

新三江闸与古鉴湖、三江闸一样，已经成为绍兴水利发展史上的一座丰碑。

··· 口门大闸 4.0 版本——曹娥江大闸

随着围海垦涂不断推进，曹娥江出海口下移，新三江闸的闸下淤积问题日益凸显，1995 年至 1996 年，曾两度出现无法排涝

　　的危急局面。同时，曹娥江河口因缺乏节制闸，钱塘江风暴潮内侵，洪旱频仍。为适应绍兴中心城市由"鉴湖时代"走向"杭州湾时代"发展需要，曹娥江大闸呼之欲出。

　　曹娥江大闸位于绍兴市北部、杭州湾南岸、钱塘江与曹娥江交汇处，是国家批准实施的大（1）型水利项目、省"五大百亿"工程浙东引水工程的重要枢纽、中国第一河口大闸。

　　工程主要以防潮（洪）、治涝、水资源开发利用为主，兼顾改善水环境和航运等综合利用功能，主要由挡潮泄洪闸、堵坝、导流堤、鱼道、闸上江道堤脚加固以及环境与文化配套等工程组成。挡潮泄洪闸共设 28 孔，每孔净宽 20 米，总宽 697 米，堵坝长 611 米，导流堤长 510 米。除水利功能外，大闸工程把文化元素融入工程规划建设始终。在工程建设管理中，将环境与文化配套工程列入主要建设内容，并以生态型、文化型、景观型水利工程为目标，以传承绍兴特色水文化为主线，将绍兴先贤的治水精神、古代水利工程的建筑风格、古三江闸的"应宿"文化等元素有机融合。又以追求完美的标准和精神，完成了陈列馆布展、交通桥石雕、碑亭文化镌刻、名人说水景石点缀等水文化布置工作。

2005 年 12 月 30 日，大闸主体工程正式开工。2008 年 12 月 18 日，曹娥江大闸 28 扇闸门落下蓄水，进入试运行阶段。2011 年 5 月，曹娥江大闸枢纽工程竣工验收，总投资 12.38 亿元，最大过闸流量达 11030 立方米 / 秒。

曹娥江大闸先后荣获鲁班奖、大禹奖、詹天佑奖、大禹水利科学技术奖特等奖、国家水利风景区、国家水工程与水文化有机融合典型案例、浙江省最美水利工程、浙江省首批水情教育基地等荣誉。管理单位也先后荣获国家级水利工程单位、浙江省文明单位、全国水利文明单位、水利安全生产标准化一级管理单位、全国水利先进集体、全国文明单位等荣誉。

水是绍兴城市的兴起之源。如果说，改革开放使绍兴由"山会时代"走向"鉴湖时代"，曹娥江大闸的建成运行，一个"新杭州湾时代"已经展现在 500 多万绍兴人民面前。

回望我们绍兴水利发展的漫漫长路，从玉山斗门到三江闸、新三江闸，再到如今伫立曹娥江河口的"中国第一河口大闸"——曹娥江大闸，绍兴从地广人稀的斥卤之地变为土地膏腴的鱼米之乡，是一代一代绍兴人治水的结果，用水之利、避水之害，已经成为绍兴城市水利的根本。水闸的更替见证了绍兴不断向前的治水征程，而三江闸的传统与开拓创新的精神也将随着这座城市的发展熠熠闪光、经久弥新。

曹娥江大闸抵御强涌潮

日出大闸

我的建设成长史

大闸叔叔，你能跟我们讲讲你的故事吗？

曹小江

是呀，我们都很想听听你的成长史呢！

曹小娥

哈哈，听我跟你们慢慢说啊～

大闸

···源起：百姓梦想

一条曹娥江流淌着绍兴几千年的历史。遍数绍兴境内的河流，数曹娥江对绍兴区域的影响范围最大、程度最深，堪称绍兴"母亲河"。据绍兴水利文献记载，曹娥江流域面积占

曹娥江河口涌潮情况

绍兴地区总面积的 63.7%，其上游源短流急，下游受钱塘江潮汐顶托，形成"南洪北潮"格局。

每年夏秋，频繁的台风带来强风暴雨，曹娥江上游滚滚洪水急速向下肆虐，河口的钱塘江潮水则逆势涌入曹娥江，上下两种势力激烈交锋，让沿江的上虞、绍兴两县人民饱受灾难。

海水倒灌，泥沙淤积，内河成涝。历史上，为治理曹娥江水患，绍兴人民建造了大量水利工程，其中下游三江闸和曹娥江海塘的不断修建，为挡潮泄洪发挥了重要作用，但是还没有彻底解决水患问题。因此，在曹娥江河口兴建一座大闸，从根本上节制曹娥江、防止风暴潮内侵的设想，就成了新中国成立后百姓的向往和追求的目标。

于是，曹娥江大闸应运而生。我的故事也就此开启：

——1958 年 10 月，宁波专署成立了指挥部，负责建设汤浦水库和曹娥江大闸两项工程，大闸闸址当时定在上虞。但两项工程均因故相继停工。

——1962 年 9 月，台风侵袭，大雨倾盆，三江闸排泄不及，

曹娥江大闸闸址原貌

市区和绍兴县沿江区域严重内涝。1971年，浙东地区大旱，萧山、绍兴、宁波、舟山的百姓生活陷入困境，工农业生产几近瘫痪。水患频仍，灾况严重。百姓的呼声一次次将曹娥江整治提到各级党委政府的重要议事日程上，高度关注。

大闸项目建议书专家咨询会（2002年·9月）

——1971年大旱后，水利专家们首次提出了解决浙东水荒的方案，即从富春江引水至绍兴，在绍兴修建大闸，再引水至宁波、舟山。

——1998年12月，浙江省政府正式批准《曹娥江流域综合规划》，曹娥江大闸为重要规划项目之一。

——2001年，"重点抓好曹娥江口门大闸建设"明确写进了《浙江省国民经济和社会发展第十个五年计划发展纲要》和《绍兴市国民经济和社会发展第十个五年计划》。

——2003年5月27日，时任浙江省委书记的习近平同志赴杭州湾地区专题调研水利和防汛工作。当时的他特地来到绍兴，实地察看了曹娥江大闸闸址、谋划了曹娥江大闸的建设蓝图。

从提出设想到正式决策并付诸实施，前后几十年，我的故事凝聚着绍兴百姓甚至浙东百姓的多年期盼。国家及省、市各级政府领导高度重视并大力支持，业界专家热情关心并积极参与，社会各界齐心合力助力我的成长。终于，浙东人民跨江调水的梦想即将走进现实。

大闸

●●● 建设：攻坚克难

"把曹娥江大闸建成为一座能长期安全运行、发挥综合效益的造福工程，一座依靠科学技术、反映开拓创新的时代工程，一座生态健康、环境优美、体现以人为本的和谐工程。"这是中国科学院、中国工程院院士、曹娥江大闸专家组顾问潘家铮对我的建设提出的希望和要求。

在众多专家的关心帮助下，我终于开启了自己的"人生篇章"：

——2003年10月1日，曹娥江大闸抛下了围堰工程的第一块石头，拉开了前期准备

曹娥江大闸打下第一桩（2004年12月）

工程的序幕。

——2004 年 12 月 8 日，大闸牢牢打下第一桩，开启了基础试验工程。

——2005 年 12 月 30 日，在河口工地的现场，时任浙江省委书记的习近平亲自宣布"浙东引水曹娥江大闸枢纽工程开工"，启动开工按钮，并为工程培土奠基。这标志着曹娥江两岸人民盼望已久的曹娥江大闸枢纽主体工程正式开工。

——2007 年 10 月 31 日，工程金属结构及机电设备安装调试完成，标志着大闸主体工程正式完工，顺利进入拆除围堰和堵坝施工阶段。

——2007 年 12 月 15 日，大闸正式开始拆除围堰通水。大闸北围堰上的两台大型挖掘机一齐作业。30 多分钟后，杭州湾水从挖出的一道大口子处涌入，顺着导流渠，漫过闸前消力池，从大闸闸门下奔腾而过。至此，曹娥江大闸工程正式宣告通水成功，围堰已完成历史使命。大闸工程全闸通水，奠定了工程前期试运行的条件。

大闸拆堰后第一次过水（2007 年 12 月）

——2008 年 12 月 18 日，曹娥江大闸首次下闸蓄水，大闸功能性建筑全部完工并进入试运行阶段。从此，曹娥江河口段告别了万古的涌潮历史，开启了崭新的河湖体系。

曹娥江大闸下闸蓄水（2008 年 12 月）

开工典礼现场（2005 年 12 月 30 日）

——2009 年 6 月 28 日，大闸工程如期完成国家批复初步设计工程建设内容，顺利完成三年半工期的建设目标任务。

——2011 年 5 月 27 日，曹娥江大闸工程通过浙江省发展和改革委员会组织的竣工验收，实际投资 12.38 亿元。

> 因为身处河口强涌潮位置，我的成长克服了许许多多困难，幸亏有专家们关心帮助，让我能够一步步跨越成长阶段，完成一次次"大小考"，实现"成人""成才"。可别小看我 12.38 亿元的"身价"哦！这背后是远远超过这个数值的科技含金量。想知道我留下了哪些发明专利吗？继续和我一起探索吧。

大闸

管理：奋进担当

曹娥江大闸作为中国第一河口大闸，从梦想变为现实，以其独特的壮观之态，崛起于钱塘江涌潮特定的河口。建闸以来，建设和管理者们以自信为起点，把参与大闸建设作为机遇与幸运；以快乐的心态积极作为和奉献，诠释着水利人的奋进与担当；以自豪为终结，带着胜利者的喜悦和微笑，分享着大闸建设的硕果与幸福。

回首往事，历历在目，秉持着"优质、安全、廉洁、高效"的工程建设总体目标，管理者们以科学务实、运管结合、队伍提升为重点，形成合力，积极发挥着大闸的综合效益。

优质工程都是靠严格的制度和规范的程序管出来的，工程质量的优劣直接反映着工程管理的水平与力度。在我的建设过程中，建设者们始终突出"一控四保"（即有效控制投资、保质量、保安全、保进度、保廉洁），狠抓"质量安全"关键环节，通过"创鲁班奖"、立功竞赛、质量安全督查等行之有效的载体，进一步加大有效监管力度，确保了我的建设有序高效推进。

大闸

••• 精神：缵禹之绪

"以科学发展观为指导，发扬大禹治水的优良传统，团结协作，克服困难，加快工程建设步伐，努力把曹娥江大闸工程建设成为经得起历史考验、人民满意的精品工程。"这是时任浙江省省长吕祖善在大闸开工时提出的要求。

伴随着工程的不断推进，我的建设者们缵禹之绪，大力发扬大禹治水的优良传统，并在实践中不断丰富、完善大闸独特的创业精神。

从水利前辈们身上，我们可以学到什么呢？

大闸

务实创新、争创一流的精神境界。大闸的建设者们以"务实创新、争创一流"为目标，勤勉务实，开拓创新，努力将大闸建设成为精品工程。曹娥江大闸一改过去传统意义上水利工程的做法，把大闸的功能性工程与生态景观、绍兴传统文化有机结合起来，使工程既发挥功能作用，又发挥生态环境效应，更凸显水文化特色。在工程建设品位档次上，立足于建设一流精品工程，实现国内一流、国际领先。

科普小讲堂

"一流"的大闸

在一系列关键工程标段中，大闸建设都走在全国乃至世界前列。如大面积围堰一次性合龙，大口径高强度管桩应用于水利工程，大面积振冲挤密对软土地基处理，大体积高性能混凝土一次浇筑成功、大拱管钢闸门在潮汐河段的应用等，在河口建闸史上堪称第一。闸下冲淤面貌及工程水力学试验研究获浙江省科学技术二等奖；大掺量磨细矿渣混凝土关键技术研究与应用成果通过水利部审查，专家认为达到国际领先水平；双拱空间网架平面钢闸门为国内首创；振冲挤密施工在全省水利工程中属于首创。

快乐工作、多作奉献的优秀品质。"自工程开工起，我们就以快乐的心态积极履行职责，解决难题，努力实现'优质、安全、廉洁、高效'的目标。我们要用'快乐'建成我国第一河口大闸。"时任大闸管委会主任的张伟波在面对媒体的提问时曾这样动情地回答。的确，"能够参与如此重大的工程，是一生的荣幸，我们

以感恩和快乐的心态工作着"。这已成为当时大闸的建设者和管理者们的共同心声。虽然工程施工难度大、建设任务重，但当专家组成功破解高性能混凝土及温控防裂专题研究、鱼腹形钢闸门的设计与制造等诸多难题，看着工程一点一点顺利推进下去，再多的辛苦也值得。

这些不仅是口号，更是真实写照。每天提早半小时上班、工地 24 小时值班，成了大闸特有的不成文的规定。"冷的时候比市区至少冷 3℃，热的时候则至少比市区高 3℃。"在气候条件如此不利的环境下，大闸干部职工不辞辛苦，自觉为大闸工程多做贡献。大闸施工标段多而交错，难度大，任务重，每一位同志都能自觉以工作为重，服从安排，不计报酬，体现了尽心尽力、乐于奉献的精神。

协调配合、合力共建的优良作风。曹娥江大闸是绍兴市第一个国家、省、市、县（区）四级联动合力共建的重大基础设施工程。大闸一开建就调集、招聘经验丰富、责任心强的专门人员参与建设管理。大闸建设的顺利完工，离不开各级党委、政府领导的全程关心，离不开部门之间的密切配合，离不开一线人员上下的合力攻坚和甘于奉献。从工程实施的决策、技术方案的确定，到施工过程的推进、建设难题的解决和突破，正是精心务实、协调配合、勇于负责、迎难而上的精神，在不断推动着这座民生工程向着"优质"和"卓越"阔步前行。

建设者们在管道间施工

艰难岁月回忆录

曾经，曹娥江河口段受山洪与风暴潮共同影响，两岸堤防的防洪标准只有 50 年至 100 年一遇。河口段受钱塘江潮水影响，水体的含沙量高，淤积严重，对两岸平原排涝产生了很大影响，也制约了上游水库的建设，影响了水资源的利用率；曹娥江河口段为感潮河段，潮差大，分隔了两岸平原河网水体，又由于河道淤积，大大削减了杭甬运河的整体效益，严重影响了区域经济发展。

而我作为在沿海强涌潮段多泥沙河口建设的大闸，许多方面的探索在国内乃至在亚洲处于领先地位，引起了国内许多顶级水利专家的极大关注。从两院院士、水利部总工到教授高工，许多专家主动参与到我的工程科研论证当中来。

大家希望通过我的成功建设，彻底解决曹娥江河口段的淤积问题，提高曹娥江两岸的防潮（洪）能力和排涝能力，提高曹娥江水资源的利用率，改善杭甬运河航运条件，改善两岸平原河网水环境，改善两岸围垦区的投资环境，也为绍兴市城市北进创造条件。

···难题一　闸下淤积问题

科普小讲堂

闸下淤积指的是挡潮闸下游出现的泥沙淤积现象。

修筑挡潮闸是沿海中小河流河口防洪排涝、挡咸蓄淡的重要措施。但是筑闸后，水闸下游普遍容易发生淤积，降低河流的泄洪排涝能力，甚至影响通航。

为抵御风暴潮、防止咸潮上溯、蓄淡、改善水环境及提高两岸防洪排涝能力等，1949年新中国成立以来，我国在沿海的入海河口兴建了一批挡潮闸。但限于当时对闸下淤积认识不足，凡在海相来沙河口的干流上建闸，无一不发生淤积，严重影响了工程本应发挥的效益，甚至还威胁到防洪安全。建于1537年的三江闸，历史上多次发生淤积，终于1972年淤塞。

从二十世纪九十年代开始，人们越来越重视在支流河口处建闸。由于大多数闸址处的干流河宽较窄，并多位于弯道的凹岸，干流主槽临近闸下，且较为稳定。因此，建闸后基本上无闸下淤积问题。但当支流汇入处的干流河宽较宽，且主槽有一定摆幅时，此时支流河口处建闸的闸下淤积面貌主要取决于干流主槽的摆动，这与在潮汐河口干流上建闸的闸下淤积问题有着本质上的差异。

曹小娥

曹娥江口为什么容易形成闸下淤积呢？

　　曹娥江是钱塘江第二大支流，河口处多年平均流量达到110立方米/秒，年际、年内变化较大。4—9月的梅雨、台风雨期径流量占全年的70%左右。与钱塘江流域不同的是，这里的最大洪水大多发生在台风暴雨期。曹娥江河口是钱塘江河口潮动力条件最强的河段之一，平均高潮位达到3.70米，平均潮差为5.50米。最大实测涨、落潮垂线平均流速均接近5米/秒，涌潮时候流速更大。大潮时涌潮高度1.5米左右，涌潮传播速度约6.5米/秒。曹娥江口含沙量具有涨潮大于落潮、大潮大于小潮、含沙量变化大等特点。

　　此外，曹娥江口外尖山河段河床宽浅，海域来沙丰富，泥沙易冲易淤，主槽摆动频繁，河床冲淤变化剧烈，是一典型的游荡性河道。而曹娥江大闸选址的位置位于钱塘江尖山河段的凹岸，其闸下淤积面貌主要取决于尖山河段的河床演变。

　　尽管曹娥江河口建闸属支流河口建闸，与干流上建闸引起的闸下淤积有着本质的不同，但由于钱塘江尖山河段河床大冲大淤，大缺口至曹娥江河口之间存在大片中沙，并随着潮洪变化而移动。当水流受潮汐控制时，因潮波的不对称性，涨潮流速大于落潮流速，涨潮含沙量及输沙量远大于落潮，江道即产生淤积。因此，能否解决闸下淤积问题就成为大闸能否立项的关键问题。

补充小科普

淤积是如何发生的呢？产生的原因主要有两个方面：

一是潮波发生了变形，潮波经多次反射后由前进波转为驻波。潮波变形后，涨潮流平均水位下降，落潮流平均水位升高，两者趋于接近。同时涨潮流历时缩短而落潮流历时加长，因此涨潮流速大于落潮流速，在口外海域有丰富的泥沙补给情况下，涨潮流带进的泥沙就会比落潮流带出的泥沙多，以致每次涨落潮后闸下都有不同程度的淤积。

二是筑闸后，若是采取涨潮关闸、落潮开闸的运行方式，则涨潮时通过该断面的进潮量被杜绝，落潮时泄量锐减，闸下必然引起淤积。另外，对于流域来沙较多的闸上游也将发生严重淤积，淤积量与上游来水来沙特点，以及挡潮闸泄流能力及运用方式有关。

闸下淤积会带来怎样的影响呢？

曹小江

闸下淤积带来的影响主要包括防洪排涝安全问题、恶化下游的通航条件、威胁水闸的正常运行等。

防洪排涝安全问题：闸下淤积会导致河道排水能力下降，增加防洪排涝的难度和风险。淤积物会占据河道空间，减少过水断面，使得在暴雨或洪水期间，水体的排泄速度减慢，从而增加了洪水泛滥的可能性。

恶化下游的通航条件：淤积会导致河道变浅，影响船舶的通航。当河道淤积严重时，航道变浅，可能会限制大型船舶的通行，甚至导致航道堵塞，影响水上交通。

威胁水闸的正常运行：水闸的设计和运行依赖于河道的正常水流状态。淤积会影响水闸的正常开启和关闭，甚至导致水闸损坏，从而影响其调节水流的功能。

··· 难题二 强涌潮问题

什么是涌潮呀？

曹小江

涌潮，是指由于外海的潮水进入窄而浅的河口后，波涛激荡堆积而成。早在公元 1 世纪，东汉的王充就已指出："涛之兴也，随月盛衰，大小满损不齐同。"这是中国第一次提出潮汐周期与

曹娥江大闸抵挡钱塘江强涌潮

月亮盈亏的关系的学说。

当涨潮时，潮波进入河口或海湾后，因水域骤然缩窄，底坡变陡，大量水体进入窄道，能量集中使振幅骤增。同时，潮波靠近底部的水体，受底部的摩擦阻力等影响，运动速度较上部水体而言比较小，从而使潮波波峰的前坡面变陡，并随着水深的减小和河水径流的顶托而逐渐加剧。在传播到一定距离后，潮峰壅高前倾，形成潮头，状如直立的水墙向前推进，来势极其迅猛，称为涌潮。而曹娥江大闸的建设选址正是位于杭州湾南岸，这里的钱塘江大潮举世闻名。

科普小讲堂

壅高（yōng gāo）是一个水利术语，指的是因水流受阻而产生的水位升高现象。例如，在河流中建造闸、坝或桥墩，或有冰凌阻塞时，均能引起壅水。此外，两河流汇合相通时，一河盛涨时，也会在另一河中引起壅水。

壅高现象在实际应用中具有重要意义，特别是在南水北调等大型水利工程项目中，通过壅高水位，可以实现水资源的合理调配和利用，满足北方缺水地区的生活和生产用水需求。例如，南水北调中线工程通过壅高丹江口水库的水位，将清澈的丹江水输送到京津冀豫等北方地区，成为当地城市的主力水源，有效缓解了北方地区的缺水问题。

此外，壅高现象也在地震等自然灾害中扮演重要角色。例如，地震引起的坝体相对位移、绝对位移（地层的平移、转动所引起）会激起水体表面波的壅高，这对高坝的设计和安全有着重要影响。

加高后的丹江口水库（源自网络）

自古以来，关于钱塘江大潮的诗句不可胜数，诸如"海阔天空浪若雷，钱塘潮涌自天来"等等，是钱江潮声千百年来久久回荡的写照。钱塘江下游的最大支流曹娥江入海口，这里的强涌潮闻名天下。然而诗人笔下的雄壮景致，曾经于两岸百姓而言却是无尽的苦难。"潮水一来心发跳，年年搭舍年年逃"映射出涌潮来时给百姓带来的苦难。在这样的强涌潮地段建闸，可谓是世界性难题。

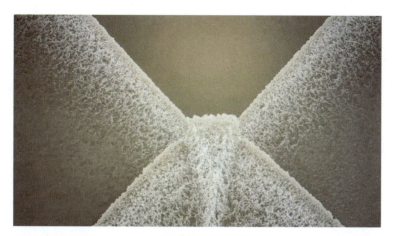

双 V 交叉潮（源自网络）

新型矩阵潮（源自网络）

鱼鳞潮（源自网络）

曹小娥

涌潮给曹娥江大闸围堰施工带来了哪些困难？

曹娥江大闸的施工围堰处在钱塘江强涌潮河道段，其基础为粉砂土软基，面临着一天两次的涨潮退潮过程，若采用泥浆泵吹土吹填，在涨潮状态下无法沉淀形成有效回填土，要实现围堰成功合龙必须解决坝头基底冲刷、限制潮水进出龙口的流量、加快吹填速度等问题。于是，建设前辈们作出了以下努力：

抛石戗堤施工

对于南北堰的戗堤抛筑呈丁坝行进的方式，为尽可能减少坝头冲刷，在小潮汛期间集中力量突击进行低抛快进，使坝头不形成冲刷坑。低抛的坝顶高程控制在 4.0~4.5 米，即在小潮汛的高潮位不过坝顶，以便全天候作业，坝面宽度在 7.0~8.0 米，即以坝顶来往车辆能过为宜，有效减少了坝头冲刷坑的形成。

为提高抛坝进展速度，降低工程投资，建设者们采用了先护底、后抛坝的方法。平抛护底的作用是保护坝头滩涂不刷深。通过分析，专家组确定了合理的船抛超前长度，用这种抛石筑坝方式有效地保护了坝基涂面，减小了石方损失，加快了抛坝进度。

龙口戗堤护底

随着戗堤龙口的形成，围区内的滩面不断淤高，但龙口处的深潭不断加深，深槽不断加长，龙口附近的滩面不断地被冲刷破坏。为尽可能地使龙口附近有较好的滩面形势，为龙口创造良好的条件，建设者们采用土工布用钢钉固定后护底，然后在无纺土工布上抛筑块石，抛石采用汽车立抛，增加抗潮水冲刷的能力，龙口护底的抛筑高程控制在 0.0 米（零高程）。

曹娥江大闸围堰合龙（2004 年 3 月 1 日）

科普小讲堂

　　戗堤（qiàng dī）是一种水利工程结构，主要用于水利水电工程的截流施工中，通过向流水中抛投混凝土预制块或就地取材的填筑料，形成横跨江河的透水堰体。戗堤的构造和设计旨在加强或抢救堤坝，防止渗漏，并在短时间内贯通江河两岸，形成有利的施工通道。根据进占方式的不同，戗堤可以分为单戗堤（从一端向另一端进占）和双戗堤、多戗堤（从上、下游同时立堵进占），以及采用平堵方式均匀布料一次形成拦断江河的全断面戗堤等型式。戗堤的顶面称为"戗台"或"马道"，其设计目的是在防洪险要堤段加强堤防，特别是在堤身薄弱、不能满足渗透稳定和抗震要求的情况下使用。在戗堤的合龙过程中，由于龙口单宽流量大、流速高，场地狭窄，因此需要在合龙前对戗堤端部进行防冲加固处理。合龙后，戗堤迎水面需要采取防渗措施封堵渗漏通道，以便进行下一步的围堰工程施工。

曹娥江大闸建设时期工人们正在利用土工布为龙口戗堤进行护底

.. 堵口施工

根据工程现场实际情况，龙口附近有一处较深的冲刷坑。为了保证后续施工顺利推进，专家组经多方分析论证，决定采用"内围堰堵口法"。内围堰分北堤、西堤和南堤，按促淤截潮断面施工。根据龙口现场有南、北两条潮流沟，南侧潮流沟是受潮水正面冲击，北侧潮流沟由潮水回流形成，为龙口截潮时能集中力量，施工队会在截潮前一汛（即农历正月底的小潮汛）先把北堤的潮沟堵住，并整体吹填到设计高程，农历二月初堵口工作再全面铺开。随后，农历二月初四施工船只就位和电缆铺设，初五冲船坞，初六正式出土打袋，初九打护底袋，初十夜潮截潮，成功挡住潮水的进入，至此堵口成功。

通过以上护底措施，节约了戗堤的抛筑方量，加快了工程进度。工程自 2003 年 10 月 1 日开始试抛，至 2003 年 11 月 30 日基本完成南堰堤抛筑，2004 年 3 月 1 日完成抛石戗堤合龙。工期比计划提前了一个月。

.. 难题三 工程耐久性问题

曹娥江大闸位于钱塘江入海口附近，其水质类型介于淡水和海水之间，对曹娥江河口水质进行取样分析，根据水质分析成果，河口地表水对大闸建设的刚需建材——混凝土具有一定的腐蚀性，而水的流动则会进一步增加这种腐蚀性。同样地，在大闸上游的新三江闸、上浦闸建成运行 10 多年后，均产生混凝土碳化、

钢筋锈蚀的问题，且越来越严重。因此，找到一种安全可靠的防腐蚀措施是保证大闸寿命延续和效益发挥的基本保障。

当时水利工程虽然对使用年限尚无明确要求，但一般的混凝土结构工程使用年限为 50 年，而《水工混凝土结构设计规范》（SL 191）也对结构耐久性专门提出了要求，主要根据环境类别，对混凝土最低强度、最大水灰比、最小水泥用量、最小抗渗等级和抗冻等级进行控制。而曹娥江大闸是浙东引水工程的重要枢纽，工程为 I 等工程，主要建筑物为 I 级建筑物，工程设计泄洪流量 11030 立方米/秒，防洪标准为 100 年一遇洪水设计，300 年一遇洪水校核；挡潮标准为 100 年一遇高潮位设计，500 年一遇高潮位校核。基于工程的重要程度，如何提升工程的耐久性便成了摆在专家组面前的另一道难题。

让我们一起来看看，建设者们为提高工程耐久性，做了哪些努力吧！

大闸

1. 大量调研考察

在工程设计过程中，专家组和建设者们对国内外沿海水闸和国内沿海交通桥梁进行了大量的调研考察工作，开展了大量试验研究工作。主要工作有：①耐腐蚀高性能混凝土试验：根据环境条件和耐久性目标，通过多组合材料级配试验，提出高效、经济、施工性能优良的不同部位混凝土级配成果；②金属结构防腐蚀试验，采用多个生产厂家的涂料、多种涂层组合方案，经过室内浸泡试验和现场挂片试验，提出达到耐久性要求并且经济的不同部位金属结构防腐方案；③水闸混凝土施工温控研究，针对本工程闸底板、闸墩为大体积混凝土和施工环境相对较差的特点，通过混凝土施工仿真研究，提出不同季节、不同部位混凝土温度控制措施。

2. 主要建筑材料选用

为达到提高钢筋混凝土结构耐久性的目的，建设者们主要对混凝土胶凝材料、骨料、阻锈剂、耐腐蚀钢筋、混凝土表面涂刷材料等进行了优选，从而进一步提高工程的耐久性。

3. 主要结构构造措施

为提高结构的耐久性，建设者们通过适当提高混凝土强度，合理设置变形缝从而减小结构不均匀沉降，设定钢筋保护层的最小厚度采用预应力张拉、断面突变部位设置限裂钢筋、掺加防裂纤维等措施优化提升工程主要结构构造。

对浇筑完成的闸墩进行温控养护

针对多种涂料组合方案开展
现场防腐蚀试验研究

钢筋连接处使用套管来提高整体强度

延伸专业课

混凝土强度：较高的混凝土强度是各项耐久性指标如抗渗性、抗冻性、抗氯离子渗透性的保证，也可以提高混凝土抗裂性。

变形缝设置：闸室以单个闸孔为结构单位，顺水流方向长26米，垂直水流方向宽24米，满足规范规定的软基上分缝长度不超过35米的要求。

不均匀沉降控制：对于大尺寸结构来说，控制不均匀沉降是防止裂缝出现的关键，本工程闸室基础采用60米长的PHC管桩，桩端深入密实的粉砂层，总沉降量和不均匀沉降量均控制在较小的量值。

钢筋保护层最小厚度：钢筋保护层厚度与耐久性存在着最直接的关系，氯离子等侵蚀性物质要透过保护层才能对钢筋进行腐蚀，根据材料试验建议，本工程闸室结构最小保护层厚度采用6厘米。

混凝土限裂措施：闸室净跨度为20米，采用普通钢筋混凝土结构难以满足裂缝宽度限制要求，对闸底板、管道间、胸墙和轨道梁采用预应力钢绞线张拉，使混凝土产生预压应力控制裂缝的出现；对于闸墩门槽等断面突变部位，在底板以上0.5~1.5米范围布置限裂钢筋，以防止因应力集中而产生的裂缝；对于在高温天气施工的闸墩、胸墙、管道间、轨道梁，掺加聚丙烯防裂纤维，以避免表面裂缝的出现。

4.严格施工要求

施工是否精细也会对混凝土结构耐久性产生很大影响，大闸主体工程由两家单位承担施工，闸墩采用大型模板一次立模成型，避免了施工缝、表面光洁度等问题。根据大体积混凝土施工特点，对施工温控进行了专门研究并通过混凝土施工仿真计算，提出了"表面保温，内部降温"的温控措施。特别是高温季节浇筑，确定了混凝土人仓温度不大于28℃，内部埋设水管进行通水冷却，适当推迟拆模时间，表面覆盖薄膜进行保温保湿等措施，并对降温速率、内外温差控制幅度等提出了具体要求。

曹娥江大闸从设计前期就提出了混凝土结构耐久性要求，并进行了大量的调研和试验工作，为了达到设计寿命100年的目标，从结构布置、材料选用、构造设计、施工控制等方面采取了大量的措施，从施工完成的情况看，达到了预期目标。为其他沿海水

闸的建设提供了借鉴与启发。

曹娥江大闸闸墩浇筑

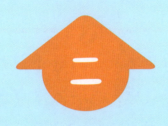

二

我的「骄傲」

"如此规模的河口大闸，目前不仅在中国是第一，在亚洲也称得上首创。"

——潘家铮

在人类河口建闸的滚滚历史之中，都说我的出现宛若一颗璀璨的明珠，点亮了河口水利工程的灿烂与辉煌。我的骄傲是被誉为"中国第一河口大闸"，由"中国水电之父"的潘家铮院士亲自为我题词，是独一无二的建闸科技，新颖前卫的工程造型，匠心独具的文化布置和守护生态的鱼类通道……我用无数次风雨中的坚守，书写了"绍兴河口第四代守门人"的故事，也成就了一座集工程、文化、生态于一体的共建共享的民生水利大闸。大闸的建设者们始终以科研为先导，坚持"建设一流精品工程"的要求，创造性地走出了一条现代水利工程建设管理之路。我还先后荣获鲁班奖、大禹奖、詹天佑奖等领域高质量奖项，先后被授予国家水土保持生态文明工程、国家水利风景区、水工程与水文化有机融合典型案例、浙江省最美水利工程、浙江省首批水情教育基地等荣誉称号。建成之后，我不断在防潮（洪）、治涝、水资源开发利用、水环境和航运等方面发挥着明显的综合性效益，成为如今横卧在两江交汇之处的靓丽风景，让绍兴治水精神得以传承，缵禹之绪的伟业得以延续。

这一章，就请跟随我一起走进我的"骄傲"吧！

第一节

独一无二的技术创新

小江，你还记得我们在上一章提到了大闸在建设时期碰到了许许多多的难题吗？

曹小娥

嗯，我还记得大闸的位置很容易导致泥沙淤积。

曹小江

那就让我们一起去看看建设者们都对我做了哪些针对性的试验吧！

大闸

一　闸下冲淤面貌及工程水力学试验

曹小江

我们为什么要研究闸下冲淤面貌呢？

　　从二十世纪五十年代以来，我国沿海入海河口兴建了大量的挡潮闸。历史经验表明，凡在海域来沙河口的干流上建闸后，无一不发生闸下淤积问题。闸下淤积一方面使水闸的过水能力大大降低，严重影响防洪排涝；另一方面也影响航运。鉴于潮汐河口干流上建闸闸下淤积问题解决的困难，从二十世纪九十年代开始，人们越来越重视在支流河口处建闸。由于大多数闸址处的干流河宽较窄，并多位于弯道的凹岸，干流主槽临近闸下，且较为稳定。因此，建闸后基本上无闸下淤积问题。但当支流汇入处的干流河宽较宽，且主槽有一定摆幅时，此时支流河口处建闸的闸下淤积面貌主要取决于干流主槽的摆动，这与在潮汐河口干流上建闸的闸下淤积问题有着本质上的差异。

为了破解闸下冲淤难题，大闸的建设前辈们都做了哪些针对性的研究分析呀？

曹小娥

　　为避免闸下淤积引发曹娥江流域泄洪排涝困难，大闸建设者们进行了动床模型试验，研究尖山河段规划线实施后河势摆动的规律，水槽冲刷试验及现场观测研究闸下减淤措施 – 大闸放水冲刷情况。我们一起来看看主要的研究结果吧！

（1）钱塘江河口泥沙具有"易冲易淤"和"大冲大淤"的特性，可以利用闸上水量冲刷闸下滩地，解决闸下淤积问题。

（2）闸下滩地最高可淤至闸上正常水位（3.9 米）附近甚至以上，为保证正常水位下大闸放水，平时需保持总宽度为 150 米左右的潮沟，每 1.5~2 个月放水进行维护性冲淤。

（3）每年汛期洪水到来之前，闸下潮沟应保持安全泄洪的断面，根据曹娥江径流特性，每年平均需放水 3 次，集中冲刷闸下潮沟。

科普小讲堂

我们一般有哪些防止或减轻闸下淤积的方法呢？

（1）水力冲淤法。利用上游来水或大小潮汛和日潮不等现象，选择有利时机开闸放水冲淤，提高冲刷减淤效果。

（2）纳潮冲淤法。适时启闭闸门，延长涨潮历时和缩短落潮历时，增加纳潮量，同时增强落潮流速，利用潮流冲淤以排泄较多泥沙。

（3）其他减淤方法。如在闸下游修建一系列挑潜丁坝，涨潮时将底层浑水导向两侧边滩，落潮时集流于主槽，增强落潮流冲刷能力；开闸泄流时，用特制水枪冲击河底淤沙或用机动船拖淤，以提高冲沙效果，减轻闸下淤积。

针对"尖山河段主槽摆动规律"的动床模型试验

动床模型试验研究了尖山河段规划线实施后河势摆动的规律，不同水动力条件下曹娥江口门附近的淤积面貌，尤其是曹娥江大闸建成后的最不利淤积面貌。

钱塘江尖山河段河床宽浅，河床质为细粉沙，泥沙易冲易淤，因涨、落潮流路分歧及涌潮的作用，主槽不但摆动频繁，且摆动幅度很大。主槽摆动的基本规律为：枯水年或枯水季，特别是连续枯水年，主槽南摆弯曲，北岸发育高滩，主槽临近曹娥江口，此种情况下大闸建成后闸下滩地最短；反之，丰水年或大洪水时，主槽北靠趋直，南岸发育高滩，此种情况下大闸建成后闸下淤积面貌最为不利，滩地最长，滩地高程最高。

尖山河段

历经30年治江围涂，从1970年闸址处钱塘江断面宽26.5千米缩至1999年的11.5千米；主槽摆动幅度大大减小，摆动频率也大大降低，这为曹娥江大闸的兴建奠定了基础。根据1998—2002年实测地形资料分析，北岸尖山围涂后北槽发育的概率降低，即使发育北槽，其存在的时间也大大缩短，但仍存在南、北两槽共存，甚至以北槽为主的情况。

钱塘江河口尖山河段规划线达到后，总趋势是有利于减轻闸下淤积，下面分别预测正常和不利水文年条件下闸下淤积面貌。

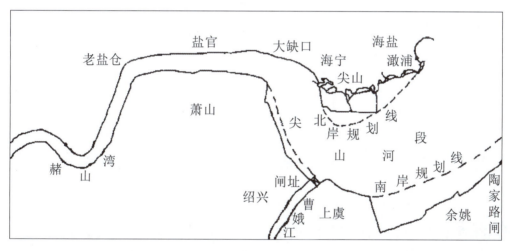

钱塘江河口尖山河段规划线

正常水文年条件下闸下淤积面貌预测：

1998—2002年钱塘江径流属正常水文年，根据每年4月、7月、11月三次测图低滩线长度统计分析，及以前围垦对闸址处低滩线长度影响研究，可以预测正常水文年的闸下滩地长度为1~2千米。

不利水文年条件下闸下淤积面貌预测：

赭山湾位于尖山河段的上游段，无论在平面外形上，还是在涨、落潮流走向上，赭山湾与整治后的尖山河段有相似之处。因此，可应用赭山湾主槽的相对位置来预测尖山河段的主槽位置。

动床模型预测

动床模型验证主要是为了确定含沙量比尺和河床变形时间比尺。根据实测资料分析，选取 2002 年 4 月、7 月和 11 月的三次地形测量资料进行动床验证试验。根据多组冲淤验证试验结果，模型含沙量、地形冲淤幅度及冲淤分布等与实际吻合较好。

钱塘江尖山河段以洪水作用为主时主槽走北，以潮汐作用为主时主槽走南。因此，在上述两种河势下，分别进行以洪水作用为主（以下简称洪水方案）和以潮汐作用为主（以下简称潮水方案）的动床试验，以预测不利和正常情况下的两种闸下淤积面貌。预测结果表明，以潮水作用为主时，主槽离大闸较近，近闸处闸下滩地高程接近平均高潮位，闸下低潮位以上滩地长度相对较短，为 2.0~2.4 千米；以洪水作用为主时，主槽离大闸较远，闸下滩地高程超过平均高潮位，闸下滩地较长，为 2.8~3.5 千米。另外，曹娥江口右岸的闸下滩地长度明显长于曹娥江口左岸，因此，从减少闸下淤积的角度看，大闸布置在左岸侧有利。

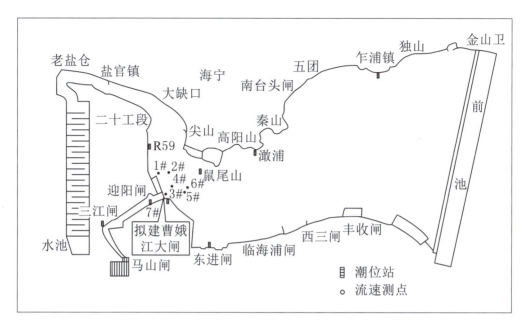

动床模型研究平面布置图

⠐⠂⠄ 针对"闸下淤积速率分析"的现场观测试验

闸下淤积速率主要取决于闸下水流的含沙量和水深。位于闸址下游 26 千米处余姚陶家路闸，其泥沙粒径、潮沟长度以及潮汐特性等与曹娥江大闸有许多相似之处，专家们利用陶家路闸现场观测资料来分析曹娥江大闸的闸下淤积速率。

现场试验时间历时 42 天，试验内容包括两次开闸放水冲刷试验，冲刷前后 6 次地形测量以及两次冲刷期间（共 36 天）闸港口门附近固定桩逐日回淤观测。从观测结果可以得出：①大潮水深大，含沙量大，淤积速率大，约为平均淤积速率的 2 倍；②闸港深泓处床面低、水深大，淤积速率（2.9 米 /36 天）明显大于边滩（1.8 米 /36 天）。根据陶家路闸二次冲刷期间的地形资料分析，考虑曹娥江含沙量为陶家路闸的 1.5 倍，采用时间序

列模型进行预测可知，关闸 3 个月闸下近闸址处滩地可达到平均高潮位附近。

因此，在正常情况下，动床试验结果闸下滩地长度较长；对于不利情况下，动床试验结果闸下滩地长度较短，而闸下滩地最高高程则相差不大。

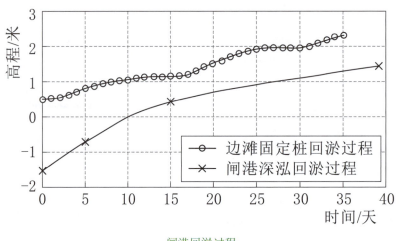

闸港回淤过程

工程水力学试验

曹娥江大闸的建设几乎集中了平原水闸的所有水力学问题，水流泥沙条件非常复杂，为了验证和优化设计，为工程布置提供技术依据，采用枢纽整体水工模型、断面水工模型和枢纽二维数学模型相结合的方法，进行了相关的水力学研究。其中整体模型的主要作用是验证水闸的规模、观测水流流态和流速分布，比较导流堤方案、推荐闸门运行组合等；断面模型的主要作用是验证和优化消力池布置，推荐消力池方案，同时测试消力池脉动压力、闸下局部冲刷形态和深度；二维数学模型主要对现状地形和运行期地形下不同导流堤长度不同特征的设计工况泄洪时，上枢纽范围的流程进行计算分析。

专家们一共做了多少项试验？得到了哪些研究成果呢？

曹小娥

（1）挡潮泄洪闸试验

原布置方案的闸前地形为现状地形，主槽偏右；而修改布置方案的闸前地形为运行期地形，主槽偏左。修改布置方案的泄流能力大于原布置方案。在设计、校核以及20年一遇洪水条件下，挡潮泄洪闸全开时，上游沿程水流均较为平顺：出闸水流呈淹没泄流，消力池内无水跃发生，下游无折冲水流及回流等不利流态出现。从流速分布情况来看，断面流速分布较为均匀，表面流速

曹娥江大闸挡潮闸模型全景

一般大于底部流速。

（2）闸下消能试验

大闸消能试验先后共进行了两种消力池型式、5个方案共32组次的研究，包括一级池及多级池、不同池底高程、不同海漫高程等方面的比选优化。推荐闸下消能装置布置为一级消力池，消力池中不设置消力墩和消力坎，降低底板脉动荷载，便于大闸泄流行洪。

（3）消力池脉动压力试验

经过对多个测点所采集数据的概率密度函数分析，其分布规律基本接近于理论正态分布。工程基础属于细粉砂，消力池底板的自振频率经估算远大于消力池水流脉动优势频率，故认为本工程消力池底板产生共振的可能性不大。

（4）闸下软基冲刷试验

通过上游流量的逐渐加大，下游冲刷坑不断发展，冲刷坑后坡逐渐变陡，缓于临界稳定坡度。

大闸水力特性复杂，通过物理模型试验和数学模型计算分析，对泄流能力、水流流态、流速分布、闸下消能、消力池脉动压力、闸下局部冲刷等进行了系统研究，对类似河口水闸具有一定的参考应用价值。

二　水工高性能混凝土研制

研制高性能混凝土对大闸建设很重要吗？

曹小江

大闸在建设规划前期，浙江省水利河口研究院对温瑞水系、钱塘江沿岸和定海、温岭、鄞县等地 25 座挡潮闸进行了调查，发现有近九成的水闸存在挡潮闸水上部位钢筋混凝土的构件问题，主要由于因碳化、钢筋锈蚀和顺筋开裂而造成的严重破坏或局部损坏。这引起大闸的设计专家们对钢筋锈蚀问题和混凝土耐久性问题的高度关注。

曹娥江大闸枢纽工程作为 I 等工程，工程规模大，建设周期长，质量要求高，维修难度大，如何延长钢筋混凝土寿命成为必须解决的突出问题。为此，针对大闸面临的混凝土耐久性问题，研究人员系统研究了大掺量磨细矿渣混凝土的物理力学性能、变形与抗裂性能、耐久性能、热学性能，并进行工程寿命预测分析，设计出满足工程要求的高耐久性、技术先进、经济合理的高性能混凝土方案，为工程建设提供科学依据。

这些高性能混凝土是怎么做出来的呢？

曹小娥

对于大闸闸墩、底板等部位的混凝土，采用 61% 细矿渣和 4%

的大掺量磨细矿渣活化剂取代水泥。闸墩部位混凝土中使用强纶纤维，以减少混凝土的早期塑性收缩和抗拉变形能力，从而提高闸墩混凝土的抗裂能力。经过试拌，确定了混凝土配合比方案。同时，专家们还根据室内试验研究成果，对大掺量磨细矿渣混凝土在制作时也提出了质量要求。例如，混凝土拌合物应该均匀，颜色一致，不得有离析和泌水现象出现，混凝土强度满足设计强度等级要求等。

高性能混凝土有什么优势呢？

曹小江

新拌混凝土因为使用了大掺量磨细矿渣活化剂，和易性（通常包括混凝土的流动性、保水性和黏聚性等三个方面特性）得到了明显改善，满足施工要求。所有配合比混凝土的抗压强度、塑性抗裂能力、温控能力也大幅提升，使用活化剂的大掺量磨细矿渣混凝土体积稳定性较普通混凝土更好。通过抗氯离子渗透、抗碳化、抗冻、抗渗透、抗硫酸盐侵蚀等试验，大掺量磨细矿渣混凝土具有比较优越的抗氯离子、抗硫酸盐侵蚀能力，同时碳化深度小，抗冻等级满足设计要求。另外，大掺量磨细矿渣混凝土可以显著提高护筋性，防止钢筋过早锈蚀。

此外，基于室内测定的混凝土碳化深度和欧洲 DuraCrete 方法对工程寿命的预测结果表明，保护层厚度在 40 毫米以上，大掺量磨细矿渣混凝土能够满足百年耐久要求。

大掺量磨细矿渣混凝土具有优良的抗氯离子侵蚀、抗硫酸盐侵蚀、抑制碱-骨料反应、延缓钢筋锈蚀等耐久性能。大掺量磨细矿渣活化剂和强纶纤维进一步提高了混凝土的体积稳定性和抗拉变形能力。大闸施工中浇筑的混凝土力学性能和耐久性能均满足设计要求。

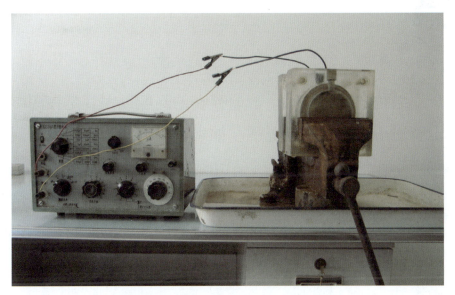

曹娥江大闸混凝土抗氯离子快速渗透试验

曹娥江大闸混凝土碳化试验

三　金属结构防腐

你知道为什么要做金属结构防腐吗？

曹小娥

　　金属结构的腐蚀是一个普遍存在的问题，尤其是在潮湿环境或与电解质溶液接触的情况下，如水利水电工程中的钢闸门、拦污栅等。腐蚀不仅会降低金属结构的承载能力，影响其安全运行，严重时甚至会导致结构破坏。因此，做好金属结构的防腐措施是确保结构长期稳定运行的关键，通过采用适当的防腐措施，可以有效延长金属结构的使用寿命，降低维护成本，保障结构的安全性和稳定性。

建设者们是如何开展金属结构防腐工作的呢？

曹小江

　　曹娥江大闸位于杭州湾南翼曹娥江河口，曹娥江河口高平潮地表水、低平潮地表水及右岸地表水对钢结构具有中等腐蚀性。而我们的家乡绍兴处于亚热带气候区，属于湿润地带，是中腐蚀区。

　　鉴于曹娥江大闸工程的特殊环境条件，大闸在建设前就开展了金属结构的防腐蚀相关试验，对不同厂家的涂料作为面涂层进行了室外和室内试验。试验征集的金属涂层材料元素包括铝、镁、铁、硅、铜等，富锌涂料包括水富锌类、无机富锌类、环氧富锌类、有机富锌类等。根据工程需要，一共征集了国内外11个厂家的21个种类52批次的涂料，设计出100多套涂层组合，制作1500多块试片，进行了浪溅区、潮差区、大气区的室外近2年的暴露试验和室内盐雾试验、盐水周期性浸泡试验、光老化试验、盐水浸泡试验等。

研究结果表明，喷涂金属层耐腐蚀性能普遍优于富锌涂料层，喷涂金属是金属结构防腐蚀底涂层的首选，封闭涂层以环磷酸锌为最佳，中间涂层以环氧云铁涂层为最佳，面涂层根据使用的环境和部位确定，在大气区以氟树脂涂料为佳，而在浪溅区、潮差区则以脂肪族聚氨酯涂料为佳，根据此结果设计出了一套独特的防腐体系。

金属结构防腐大气区挂片试验

金属结构防腐潮差区挂片试验

金属结构防腐试片在盐水浸泡 10500 小时试验后外貌

四　钢闸门结构优化

大闸的闸门形状好特别啊，它为什么是有弧度的呀？

曹小娥

这叫"鱼腹式双拱钢结构闸门"，说起这个闸门结构啊，可还有个有趣的小故事呢！

大闸

是嘛，快讲给我听听吧！

曹小娥

闸门设计原理

　　曹娥江大闸挡潮泄洪闸共设28孔工作闸门，单孔宽20.0米，闸底板高程为 −0.5 米，胸墙底高程为 4.5 米，孔口尺寸为 20.0 米 × 5.0 米。在闸门的设计之初专家们遇到了不少难题：①工作闸门采用平面闸门，闸门跨度大，宽高比悬殊，对结构刚度要求高；②工作闸门需满足双向挡水要求，承受双向水力；③钱塘江特有的强涌潮，工作闸门受涌潮冲击荷载；④建闸后外江淤沙高

程预测为 3.7 米，距门底 4.2 米，需承受淤沙荷载；⑤工作闸门位于海洋环境的浪溅区、潮差区，腐蚀问题突出。

曹娥江大闸工作闸门吊装完成图

针对特殊的工况环境，设计人员运用仿生学和大跨度空间结构的理念，发明了一种新型的鱼腹形双拱空间钢管桁架结构闸门，其承重结构是由模拟鱼体形体并适应闸门双向荷载特点设计的双拱钢管桁架组成，每榀双拱钢管桁架包括正拱、反拱、腹杆和弦杆等构件，多榀双拱钢管桁架与横向桁架连接构成了双拱空间结构闸门。

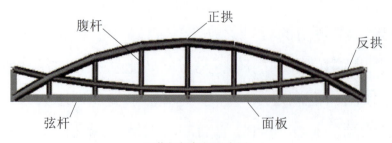

工作闸门每榀示意图

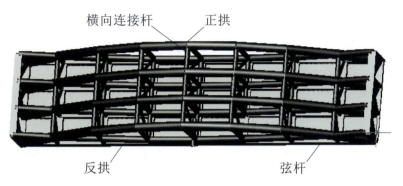

横向连接杆　　正拱

反拱　　　　　　　弦杆

新型鱼腹形双拱空间钢管桁架结构闸门

小编有话说

钢结构闸门的灵感由来

因为一次偶然的机缘，小编在工作的时候曾碰到过闸门结构设计团队的总设计师——浙江大学的罗尧治教授。他打趣地和我们讲述了当年设计闸门的故事。"那天，我坐在飞机上，手边正好有张纸巾，想起要给大闸设计闸门就准备拿出笔来随便涂涂画画。我想着，大闸离不开水，水里绕不开鱼。于是，我就拿笔先画了一条鱼。看着一条鱼太孤单，我就利用对称变形，让两条鱼头碰头重叠相连。没想到就是这个形状，带我最后实现了'鱼腹式双拱钢结构闸门'的技术创新。"

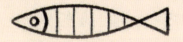　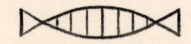

工作闸门灵感来源

科普小讲堂

闸门结构试验

　　为了试验闸门结构的稳定性,设计团队还在强涌潮荷载下进行了多次闸门试验。他们按照 1:8 的比例完整制作了整个闸门的缩尺模型,并用专业的系统准确模拟了内江水压力和外江涌潮荷载对闸门结构的作用,对闸门缩尺模型进行了 3 个方面的试验研究。

　　(1)静力加载试验:揭示了双拱空间结构闸门的传力路径,水压力通过面板传给弦杆,再由与弦杆相连的腹杆传到正拱和反拱上,正拱和反拱根据刚度按一定比例承受荷载。结构的所有构件组成一个整体性很强的空间受力体系,保证了结构具有较高的整体刚度,跨中最大挠度控制在跨度的 1/2000 以内。

　　(2)低周疲劳性能试验:在模拟闸门使用期内 100年一遇、300 年一遇、500 年一遇涌潮荷载连续作用下,闸门结构完好无损,没有出现疲劳破坏。

　　(3)滞回性能试验:通过循环加载直至闸门结构完全破坏,利用闸门滞回环的骨架曲线研究新型闸门结构承载力,发现荷载位移曲线分为弹性阶段、局部塑性阶段、开裂破坏阶段 3 个阶段,并确定了缩尺闸门的塑性荷载。同时利用结构滞回骨架曲线计算得到双拱空间结构闸门的延性系数大于 4.8,表明结构具有良好的延性。

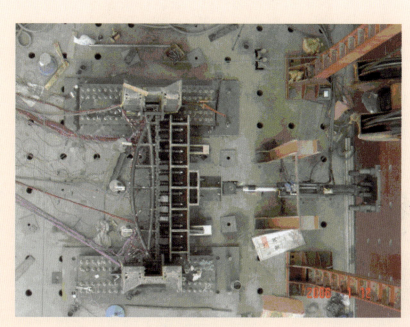

闸门试验设施布置图

　　针对大闸工作闸门承受钱塘江河口强涌潮荷载、双向受力的特点，设计团队最终确定了新型的鱼腹形双拱空间结构闸门。在此基础上，系统地开展了挡潮泄洪双拱空间结构闸门的理论与试验研究，研制了模拟钱塘江涌潮荷载作用的试验装置，实现了双向荷载和涌潮荷载作用下的闸门模型试验，保障了大跨度闸门流激振动安全性。理论和实践证明，相对于传统闸门而言，新型双拱空间结构闸门三维空间受力，刚度大，安全度高与传统实腹梁格结构平面闸门相比可节省30%以上的用钢量；其特殊的外形及结构形式减小了水阻力和泥沙淤积，降低了闸门启闭力，减少了相应设备和土建投资。

　　在无数次计算、试验和反复推理修正后，"鱼腹式双拱钢结构闸门"终于在两江交汇处筑起了一道自己的"铁壁铜墙"。

五 "扭王字块"

曹小娥

哥哥，今天我们去上虞海塘的时候，边上那一块块大石头是做什么用的呀？它的形状怎么奇奇怪怪的。

那是"扭王字块"，因为像一个中间扭转的"王"字，所以被我们叫作"扭王"。它的独特形状可是为了大大削弱波浪的冲击力而设计的哦！

曹小江

快讲给我听听。

曹小娥

什么是"扭王字块"呢?

曹小娥

　　"扭王字块"是一种由钢筋混凝土制成的预制构件,其形状类似扭曲的"王"字,因此得名。扭王字块由三个杆件组成,两端杆件平行,中间的杆件正交于两端杆件,形成了一种稳定的三角形结构。它是一种用于防护工程的护面块体,主要目的是通过削弱波浪的冲击力来保护防波堤。

"扭王字块"结构的优点是什么呀?

曹小娥

　　"扭王字块"通常摆放在防波堤的最外层,其设计能够有效分散不同方向的海水冲刷堤岸的能量,从而减少波浪对防波堤的冲击,提高防波堤的稳定性和耐久性。"扭王字块"具有高强度、耐腐蚀、耐磨损等优点,能够在恶劣的自然环境下长期保持稳定性。同时,其较好的拼装性能也使得施工更加灵活和方便。扭王字块的安装分为规则摆放和不规则摆放两种方式,后者更为常见。安装时需满足一定的安放要求,如数量偏差不能超过5%,相邻块体的摆放姿势不宜相同,且必须有一半杆件(3个端点)与垫层接触。

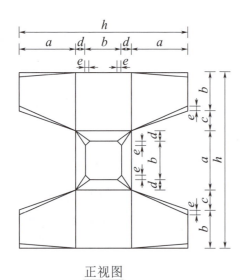

正视图

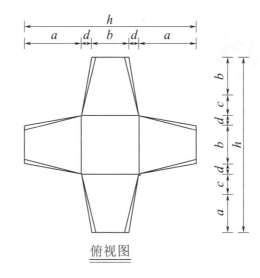

俯视图

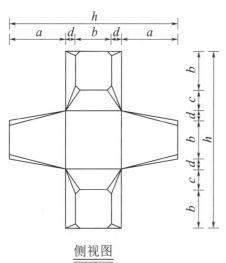

侧视图

扭王字块体部位系数及尺寸表

编号	a	b	c	d	e	h/毫米
系数	0.333	0.217	0.116	0.058	0.025	1.000
6t扭王字块体尺寸	709	462	247	124	53	2129
8t扭王字块体尺寸	780	508	272	136	59	3343

说明:
1. 图中尺寸单位:以毫米计。
2. 扭王字块体采用C35F50混凝土预制,扭王字块体需按菱形定点规则安放。
3. 重度r大于23千牛/立方米。
4. 强度达到设计强度70%后方可起吊。运输安装时强度应达到100%。
5. 现场可结合实际生产工艺,在保证自重的前提下对扭王块结构微调。

"扭王字块"结构图

你仔细找找,会发现我们身边可是在很多地方都能看到"扭王字块"哦!

曹小江

92

"扭王字块"不仅在防护工程中广泛采用，还因其空隙率高、嵌固性好、稳定性高等优点，被视为一种有效的消波工具。在海边工程中，如斜坡式防波堤和防护工程中，"扭王字块"作为护面层，能够显著降低波浪爬高，具有良好的消波性能，且结构稳固，不易损坏。

曹娥江大闸右岸护坡"扭王字块"摆放

　　此外，"扭王字块"还逐渐应用于河道整治、港口建设、防洪堤、护岸、护坡等工程领域。其优异的性能和广泛的应用前景使得"扭王字块"在水利建设事业中发挥着越来越重要的作用。模具的设计和制造确保了"扭王字块"的精准生产和大规模应用，进一步增强了其在防护工程中的实用性和效率。在实际应用中，"扭王字块"不仅保护了防浪堤，还间接保护了岸上的建筑、车辆及行人，是沿海地区防护工程中的重要组成部分。

薪火相传的文化根脉

　　建设者们在设计我时就注重将水利工程传统功能与文化生态、旅游景观等现代功能有机结合，配套建设了以星宿文化和名人传说、水石文化为核心，以娥江十二景为重点的人文景观项目，带给人们颇具特色的人文精神之美。

　　他们把文化元素融入工程规划建设之中，以传承当地特色水文化为主线，将绍兴先贤的治水精神、古代水利工程建筑风格、治水典故传说与现代水利工程建设进行了完美融合，除了实用功能的设施设备之外，还建有浓郁地方文化特色的碑亭、壁画、石雕，数百块水文化石刻等，形象地展示了浙东文化特色和水文化风格。大家都说，我是一个兼具现代水利科技、文化和艺术品位的水工建筑精品呢！

一　石文化

都说"有山有水才是好地方"，曹娥江大闸地处虞绍平原北部，濒临杭州湾，没有山地丘陵，更无地形起伏，视觉上缺少"波澜"。于是，曹娥江大闸的设计者运用以石补山的点睛艺术。为弥补多水少山的缺憾，策划者布置了相当数量的景石。大型的有"飞鱼化龙""女娲遗石""曹娥江大闸陈列馆刻石""曹娥江闸前大桥刻石"，小型的有"名人说水刻石群""诗书娥江刻石群"等。这些景石，形状奇特，布局恰当。"水非石凿，而能入石"，自古以来，水与石的关系密不可分。我们曹娥江大闸将水与石文化有机融合，打造了独属于大闸的特色石文化。

互动小贴士

　　园区内一共有108块石头，这个数字一下子就让人联想到《水浒传》中的108将，其实《水浒传》和我们一样都是根据36天罡72地煞由来的。据说，石头上的名言警句，是当时发动全体职工一起寻找的内容，像108将一样聚在一起集思广益，颇有意义！

··· "名人说水"石

曹娥江大闸"名人说水"文化石，宛如一幅幅感人至深的照片、一篇篇文采飞扬的美文，不仅使人能欣赏到"大闸风韵"美的真谛，更能使人感悟到"水的艺术"的无穷魅力。

"名人说水"石上的内容主要有四种来源。

名人说水（春江花月夜）

第一种取自古代文人诗词，如唐代张若虚《春江花月夜》中的"春江潮水连海平，海上明月共潮生"。

第二种来自现代名人名言，如邓小平的"要发展水利，要发动群众多种树，改善生产、生活环境"。

名人说水（邓小平）

第三种源于中华传统文学经典中，如《史记》中的"鉴于水者见面之容，鉴于人者知吉与凶"。

名人说水（司马迁）

第四种选取国外文学家的作品，如泰戈尔《飞鸟集》中的"不是锤的打击，而是水的载歌载舞使鹅卵石臻于完美。"

名人说水（泰戈尔）

阅读思考：
　　善于积累的你，还知道哪些文章诗作里有"水"呢？

中国第一河口大闸石碑

　　"中国第一河口大闸"石碑是由我国科学院、工程院两院院士潘家铮所题写，他也是曹娥江大闸工程建设专家组顾问。作为水利界的泰斗人物，他对大闸的评价非常高，用中国甚至亚洲第一河口大闸来形容曹娥江大闸。而且这风景石的形状，就像是一只竖起的大拇指，仿佛在夸耀着我国历史上第一座河口大闸的绰约风姿。

中国第一河口大闸石碑

让我考考你们啊，你们知道潘家铮先生是哪里人吗？

大闸

我知道，我知道！是我们绍兴人！

曹小娥

科普小讲堂

潘家铮，绍兴人。水工结构和水电建设专家，一直从事水力发电建设工作，主持了中国几十座大坝的设计与建设，是三峡工程论证和建设的当事人。被称为"新中国第一代水电人""三峡大坝的总设计师"等。晚年投身科幻小说创作，他撰写的《偷脑的贼》科幻小说集，荣获 2001 年度全国优秀科普作品奖一等奖和国家图书奖提名奖。

潘家铮

安澜镇流碑

这块大石碑，它的高度是 9.2 公尺，重量有 104 吨。

大家看到，这块大石碑上，镌刻着"安澜镇流"四个大字。

"安澜镇流"四字，内涵丰富。"澜"指的是大波，这里主要指世界三大强涌潮之一的钱塘江大潮，其汹涌的波涛。"安澜"则指因为有曹娥江大闸的守护，钱塘江的波涛和咸潮就不能再倒灌内河了。曹娥江自此永拒咸潮，波涛化为涟漪，碧波清江成新的长潮。"镇"为镇服，"镇流"的意思是通过大闸的节制功能，使不分水源丰枯、直泻入海的江流在此暂驻，平时宜蓄，遇洪则泄，避水之害，兴水之利。而且，"镇"还有安与安定的含义，因此，"镇流"还有人们对灾害不兴，流域人民安居乐业的美好祝愿。

安澜镇流石碑

大闸陈列馆水文字碑

当你步入曹娥江大闸陈列馆（现更名为"新时代治水思路曹娥江大闸现场教学点"），一块"水文字碑"随即映入眼帘。这石头乍一看平平无奇，但当我们走近仔细观察，便会发现别有洞天。"水文字碑"上共有81个"水"字，这些字都是从古今名人、帝王将相作品中拓印下来的。大家或许会有疑惑，为什么是81个"水"字呢？有两种有意思的解释。

解释一：河口建闸面临重重困难，就像是西天取经的师徒四人经历了"九九八十一难"。

解释二：建设曹娥江大闸是曹娥江两岸人民的民心所向，寓意着九九归一。

这块石头据传是在建设时期从金华磐安千里迢迢搬运而来，而曹娥江的源头正是位于金华磐安。如今，大闸建设完工，巍然屹立于曹娥江与钱塘江的交汇处，也是曹娥江最末端的入海口，首尾呼应，时刻提醒着后来者不忘来时初心，饮水当思源，也是流域水文化一脉相承的最好见证。

水文字碑

聪明的同学们,为什么"水"字不上色你猜到了吗?

大闸

让我猜猜,因为水是无色无味的?

曹小江

它润万物而细无声!

曹小娥

四灵华表石

太极生两仪,两仪生四象。

四灵又被称为四象。大约商殷之际,人们把春天黄昏时出现在南方的若干星星想象为一只鸟形。同时把东方的若干星星想象为一条龙。西方的若干星星想象为一只虎,北方的若干星星想象为一条龟蛇。二十八星宿体系形成后,就把他们一分为四,每七宿组成上述一种动物形象。春秋战国时期五方(东、南、西、北、中)配五色的说法流行后,四象也就标上了颜色,成为青龙、朱雀、白虎、玄武。这样,东方青龙、南方朱雀、西方白虎、北方玄武就各领七座星宿。

四灵华表就竖立在大闸陈列馆前的广场。华表为花岗岩材质,上有高0.79米、直径1.76米的托盘,托盘之上分别盘立着高达1.5米的青龙、朱雀、白虎和玄武青铜雕塑。每根华表分别代表东、南、西、北一个方位，石柱的七边上方镌刻星君全称；中间每边刻着篆、隶、草、行、楷五种字体书写的具体星宿名称。

在全称文字的上面，还刻有相关的动物图案。

科普小讲堂

二十八宿的全称是怎么来的呢?

唐代杰出的天文学家、数学家袁天罡将二十八宿的星名、七曜（日、月、火、水、木、金、土）名连同包括十二生肖在内的二十八种动物名缀合，从而成了二十八宿的全称。

四灵华表石

四灵华表

曹娥江大闸陈列馆碑石正面照

大闸陈列馆碑石

为了纪念大闸建设时期的光辉历史，将水利先辈们的智慧与汗水定格留存，在工程建设规划时期，大闸就设计建造了"曹娥江大闸陈列馆"，并留下了这块责任碑石。这块碑石是由原中华书法协会副主席的绍兴老乡林岫女士为我们所题的。碑石的另一面则印刻了当时建闸的所有参建人员和参建单位，他们是我们磅礴建闸史的见证者和亲历者。

我们上次社会实践就来过，还和它一起合影了！

曹小江

我也来过，这是大闸的又一处"网红打卡点"！

曹小娥

交通桥石刻

交通桥

大家知道我们大闸为什么是二十八孔吗？想知道答案的你，请和我一起来接着探索吧！

大闸

　　在大闸的交通桥两侧，雕刻着丰富的文化石刻：娥江名胜、典故传说、星宿星君等。我们将这一处景观称作"雄闸应宿"。应宿，通俗的解释便是顺应星宿，顺应天象规律的意思。中国古代天文学家把天空中可见的星星分成二十八组，叫作二十八宿，而我们的大闸刚好也建了二十八孔，与天上的星宿相互对应，所以就称为雄闸应宿。

　　东西南北四方各七宿。东方青龙七宿是角、亢、氐、房、心、

尾、箕；北方玄武七宿是斗、牛、女、虚、危、室、壁；西方白虎七宿是奎、娄、胃、昴、毕、觜、参；南方朱雀七宿是井、鬼、柳、星、张、翼、轸。

同时，大闸建造设计为二十八孔闸门还有另外一层含义，那便是与绍兴水利的文化历史一脉相承。明代嘉靖年间，绍兴知府汤绍恩曾在绍兴的三江河口交汇处，主持修建过一座防潮泄洪蓄水闸。文献记载，一开始，汤绍恩先开了三十个闸孔。但是大闸建成后，由于潮水和波浪的冲击，闸基还有轻微的抖动，于是就填掉了两孔，这样，闸就稳固不动了。当时的人们认为，这是与天上的二十八宿相对应了的缘故，于是索性用二十八星宿名对闸孔进行了编号。从此，这闸就很牢固了，一直使用到了二十世纪七八十年代。

今天的造闸技术当然已大大超过明代，我们曹娥江大闸也设置了二十八孔，并在主体通道南面巨大石护栏上刻了星宿神祇形象浮雕、《步天歌》和星宿对应的动物浮雕，外面则刻一米见方二十八星宿楷书大字，以此营造出古今工程遥相呼应的历史文化效果，并纪念为官一任、造福一方的汤绍恩知府。

科普小讲堂

二十八星宿的全称是什么呀?

东方青龙七宿：角木蛟、亢金龙、氐土貉、房日兔、心月狐、尾火虎、箕水豹。

北方玄武七宿：斗木獬、牛金牛、女土蝠、虚日鼠、危月燕、室火猪、壁水貐。

西方白虎七宿：奎木狼、娄金狗、胃土雉、昴日鸡、毕月乌、觜火猴、参水猿。

南方朱雀七宿：井木犴、鬼金羊、柳土獐、星日马、张月鹿、翼火蛇、轸水蚓。

小编有话说

古代没有导航，通常用星星来确定自己的方位，那么多的星星该怎么记住呢？

为了方便记忆星宿，人们创造了《丹元子步天歌》。以诗歌的形式生动地描述

大闸交通桥上《丹元子步天歌》石刻图

了二十八星宿的位置和特征。通过具体的星名和形象的比喻，如"杵臼形""车府""天钩"等，使得抽象的星空变得具体而有趣。诗歌不仅传达了天文知识，也展现了古人对宇宙的好奇和探索精神。整体上，这首诗既具有科学价值，也富有文学魅力，是古代天文与文学结合的佳作。

二 娥江十二景

"安澜镇流""雄闸应宿""娥江流韵""四灵守望""飞鱼化龙""高台听涛""岁月记忆""治水风采"等颇具特色的"娥江十二景",反映了绍兴源远流长、人文璀璨的历史文脉,就让我们跟着小编的脚步一起来看看几处有代表性的景物吧!

曹娥江大闸手绘地图

1 女娲遗石

这块石形状奇特,色彩斑斓,前后两面自成一体,各具特色。前面坦荡如砥,如同石碑,后面陡峭险峻,好像悬崖。特别是后面中间纵向到底的几条天然色带,绚烂鲜艳,非常罕见。五色之石,恐怕也与《红楼梦》中大荒山青埂峰下的那块奇石一样,同为女娲补天所遗。因此人们就在它的背面刻下了"女娲遗石"四个篆书大字。

女娲补天的神话传说，本质上反映的是古代人类社会与大自然之间的一种依存关系，体现了"天人合一"的哲学思维。曹娥江是绍兴的母亲河。当代绍兴人秉承女娲维系天人、互为依存的精神，在它的入海口建造大闸，合理利用大自然恩赐的淡水资源，改善流域生态，发展航运、旅游，叙述的是当代人与水、人与天、人与自然间的故事。女娲补天是天人间的一种互动，建造大闸则是绍兴人民希望与曹娥江相处得更加和谐，从而营造出崭新的水利环境的一种美好愿望。五色石正面篆刻的"五色补天石，天人和谐碑"十个大字，正是这一愿望与行动的形象概括。

娥江十二景——女娲遗石

2　治水风采

南山北海，是绍兴地形的特点。自古以来，随着海岸线的向北延伸，世世代代的绍兴人民，不断地筑堤围涂、建闸导流，从而改善生存环境，增加可耕作土地，发展繁衍，生生不息。从这个意义来说，几千年的绍兴文明史，其实就是一部辉煌的治水史

册。兴建曹娥江大闸，既是对治水传统的继承，也是水利事业的时代创新。当代的治水者，已经告别了背扛肩挑、锹挖车推的年代，他们更多地依靠自己的智慧和先进的科技成果来兴修水利，造福当代和子孙。雕塑以决策者、科技工作者和工程实施者的典型形象，组成一幅动静结合、张弛有度的现场画面，艺术地记录了当代治水者风采。

雕塑由中国美院潘锡柔教授团队主创，以三位当代治水者的青铜人物造型为主体，旁边有传统的治水工具——扁担和畚箕作为衬托。整组雕塑安装在一方重达八十吨的多边形不规则花岗岩基石之上，不仅使画面显得生动而别致，更让人们感觉到了治水精神的传承脉络，是当代绍兴人赓续数千年治水传统，科学决策，锐意创新，脚踏实地开展水利建设的艺术写照。

基座背面刻有《治水者》碑文，叙述这座雕塑的立意和创作过程。基座外沿既有如茵草坪，又有丹桂十里环植四周，可谓别具匠心。

娥江十二景——治水风采

3 安澜镇流

"安澜镇流"碑亭，坐北朝南，位于曹娥江大闸西端。全碑通高 9.2 米，重 104 吨。石材采自山东省嘉祥县纸坊镇石龙山。通体浮雕祥云，因我国民间历来有神龙治水的传说，故正面饰以吉祥龙头。

硕大的石碑耸立在须弥座台基之上。台基周围石栏，四向出阶。碑正面镌刻"安澜镇流"四个金色大字，其上则有"顺天应宿"四字篆额。碑之上八角重檐高亭覆盖。四面梁枋皆悬名家所书巨匾，柱间则各悬长联互为映照，抒发感慨，供人驻足品味。

"顺天"，中国传统文化认为遵循天道为顺天。"应宿"，则指二十八孔曹娥江大闸，与明代汤恩太守建造的三江闸一样上应天上二十八星宿，而星宿又与地理、岁时相关。其实，中国传统文化所谓的"天"，不仅仅指天空，而更多有天道——即自然规律的含义。因此，"顺天应宿"点明了大闸的建造，顺应自然规律，符合人与自然和谐相处、天人合一的哲学观念。

娥江十二景——安澜镇流

4　雄闸应宿

曹娥江大闸位于曹娥江河口钱塘江畔，工程主要由挡潮泄洪闸、堵坝、导流堤、鱼道、闸上江道堤脚加固以及环境与文化配套等组成。挡潮闸共二十八孔，每孔 20 米，总宽 697 米，堵坝长 611 米，导流堤长 510 米。大闸建成之后，闸上江道形成了近百公里的条带状水库，正常库容 1.46 亿立方米。不仅提高了曹娥江水资源利用率和两岸防潮、排涝能力，还改善了两岸平原河网水环境以及航运条件。

明嘉靖十五年（1536），绍兴知府汤绍恩主持建造的绍兴三江闸，始建时原为三十孔，后因"潮浪犹能微撼，又填两洞，以应经宿。于是屹然不动矣。"由于当时又以天上二十八星宿名分别命名二十八闸孔，所以三江闸又称应宿闸。

新建的曹娥江大闸也设有 28 孔，既是对治水传统的传承，也是对地方文化的活化利用。

娥江十二景——雄闸应宿

5　飞鱼化龙

从曹娥江大闸陈列馆纵目南望，但见一条修长的道路，沿中轴线直通水际。路旁银杏夹道，花木扶苏。道路尽头，一石耸峙，其状似鱼，上首下尾，奋力如飞。上面镌刻着"鱼跃"二字，极具点睛之妙。其石采自桐庐，高逾 11 米，重达 80 余吨，与曹娥江大闸陈列馆分路南北，遥相呼应。

娥江十二景——飞鱼化龙

"鱼跃"石色白，其下芳草如茵，青白相映，素雅脱俗。大闸鱼跃石处于曹娥江入海口，寓意曹娥江流域的人们，正在奋发向上，实现新的飞跃。鱼化为龙，绍兴中兴在望。

小编有话说

　　大家看到我们鱼跃石上的"爬山虎"了吗？我们可是特地种植像鱼鳞一样的植物，风起时随风摇曳，仿佛鱼儿在水中自由自在地游动。如果有机会来我们大闸参观，我们的鱼跃广场还贴心设置了打卡点，在打卡点的机位拍照，能够收获你和大闸主体的合影哦！

6　娥江飞虹

在曹娥江大闸上游一千米处，连接上虞和绍兴的闸前大桥横跨江面，美丽非常。远远望去，犹如一道凌空的飞虹，横亘天际；又如一匹轻盈飘逸的素练，翩然飞舞。但是，当人们靠近它、接触它的时候，才会惊讶地发现，这座闸前大桥原来气势磅礴、固若金汤。

娥江十二景——娥江飞虹

此桥全长 2400 米，桥面宽 45 米，双面八车道。桥高 30 余米，可通千吨巨轮。

7　高台听涛

高台听涛景点位于曹娥江大闸之上。

高台就是在大闸上用粗壮的铁臂支撑起来的观景长廊。长廊南北宽 10.2 米，东西长 715 米，高 4.5 米。长廊的内部形似一列平稳行驶的动车，左右两侧及穹顶均使用透明玻璃装饰而成，视野非常开阔。地面一条古木纹大理石从头到尾直贯东西，隐喻绍兴的母亲河曹娥江一路奔流而来。

娥江十二景——高台听涛

8　岁月记忆

"岁月记忆"这幅浮雕朝东镶嵌在曹娥江畔。浮雕高 3 米，宽 8 米，以雕塑艺术的形式，为人们再现了二十世纪六七十年代绍兴、上虞两县围海造田的壮丽场面。

浮雕作品中，劳动群众肩扛手提，车推人挑，用精卫填海的精神，把石块、泥巴一车一担一箩抛入杭州湾的滚滚波涛中，筑坝断水，硬是用人力围出了一片又一片的土地。来自两县各地的干部、农民，心往一处想，劲往一处使，人手不足，妇女和儿童也上了工地。烧一顿饭，递一碗水，每个人都为围海造田贡献一份力量。围海工程劳动强度大，生活条件差，但人们依然对美好生活充满了向往。

娥江十二景——岁月记忆

站在"岁月记忆"这幅浮雕前，左侧闸前大桥凌空飞渡，右侧二十八孔河口大闸雄伟壮丽。大桥与大闸之间，湍流成湖，波光粼粼，面对如诗如画的景色，使人仿佛听到了当年围垦海涂的劳动号子。

9 名人说水

作为配套工程，建设部门在大闸周遭 2.5 平方千米的闸区进行了绿化和文化布置。

大闸的建设者们不分遐迩，刻意搜求到数百尊亿万年来与水亲缘、受水洗礼的珍奇异石，它们或玲珑，或朴茂；或俊秀，或憨厚；或飘逸，或端庄，千姿百态，风采纷呈。建设者们将古今中外著名思想家、政治家、文学家有关"水"的精辟之言，因句择石，镌刻石上，从而形成了独特的"名人说水"刻石景观。

娥江十二景——名人说水

当下至大闸观看钱江怒潮的人们，于饱览惊涛骇浪之余，漫步竹树花荫之间，通读哲人警句，雅赏奇石异趣，在流连忘返之际，由衷地发出"叹为观止"的赞叹。

匠心独具的生态保护

今天我去参观大闸的时候，讲解员姐姐说大闸工程的两侧还有"鱼道"，这是什么呀？

曹小江

大闸

那是我们在工程设计期间考虑到鱼类洄游特性和周边生态多样性，特意设置了这个"鱼道"，我们都叫它鱼类的"生命通道"。

一 鱼道的定义

鱼道，通俗地解释便是供鱼类洄游的通道，是为了帮助洄游性鱼类能在人工的水利环境或天然屏障（例如堤坝、船闸、瀑布等）中生存的设施，主要包括进口、槽身、出口以及诱导设施等。

一般来说，那是当人类活动会破坏鱼类洄游时而采取的补救措施，人们通常会在水闸或坝上修建人工水槽来保护鱼类的习性。多数鱼道的设计是利用较平缓低矮的阶梯状水道（俗称"鱼梯"），使鱼类能够逆流而上，穿越如水坝等因为落差而造成的障碍。同时，鱼道中的水流必须快到能够吸引鱼儿溯溪，却又不会耗尽鱼的体力以免它无法继续余下的旅程。

大闸右岸鱼道喇叭口

曹小娥

我们为什么要建鱼道呢？

随着社会经济的发展，在河流上大规模筑坝拦截河流水量，是河流生态系统受人为影响最显著的事件之一。由于其阻隔鱼类的洄游，闸坝截断河道后，阻断了鱼类的天然洄游通道，对鱼类生命周期、栖息空间、生活习性等诸多方面造成影响。建造过鱼设施使鱼类在克服水流落差情况下过坝，让鱼类能进行生殖或索饵洄游，是补偿水利工程带来生态环境不利影响的主要方式，对于保护渔业资源，发展渔业生产有积极作用。

曹小江

鱼道是怎么设计出来的呀？

河流中用于鱼道建设的每个堰或水坝都代表着独特的情况。一条鱼道的设计需要考虑许多方面。迁徙鱼类群落的物种多样性和规模因地点而异。鱼道的设计，主要考虑鱼类的上溯习性。在闸坝的下游，鱼类常依靠水流的吸引进入鱼道。鱼类在鱼道中需要依靠自身的力量克服流速溯游至上游。下行鱼可通过鱼道顺流而下。同时，设计还要满足当前鱼类群落的身体特征和游泳能力。通常，较小的鱼类是较弱的游泳者，无法像较大的鱼类那样更快地适应鱼道流量。一条鱼道内的水力条件需要为大型鱼提供足够的深度，同时确保速度适合较小的鱼。

鱼道有哪些类型呀？

曹小娥

科普小讲堂

目前比较多的主要鱼道形式：技术型鱼道和仿自然鱼道。

仿自然鱼道按布置形式分为溪流旁通式、底斜坡式和鱼坡。

技术型鱼道按结构形式，分为池式鱼道和槽式鱼道两类。池式鱼道由一串连接上下游的水池组成，很接近天然河道，但其适用水头小，占地大，所以适用性受限制。槽式鱼道又分简单槽式、丹尼尔式和横隔板式。

池式鱼道

池式鱼道是第一个开发的类型，由一系列相互连接的，绕过障碍物的池组成，很接近天然河道，但其适用水头小，占地大，所以适用性受限制。

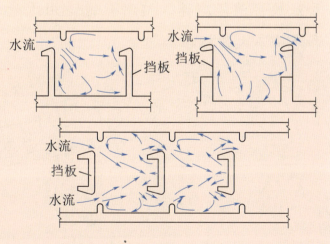

槽式鱼道

1.简单槽式

简单槽式鱼道为一连接上下游的水槽，水道坡度很缓，适用于水头很小的水利枢纽，实际很少采用。

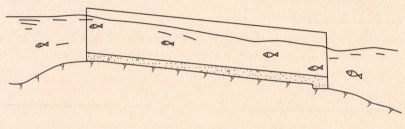

简单槽式鱼道

2.丹尼尔式

丹尼尔式鱼道由比利时科学家 G.丹尼尔于 1909 年开发。这种类型的鱼道在通道中使用了一系列对称的近距离折流板，以重新引导水流，从而使鱼可以在障碍物周围游泳，在槽式鱼道的槽壁槽底设置相距很密的阻板和底坎，消能减速。这种鱼道适用于通过较强劲的鱼类和水头不大的枢纽。

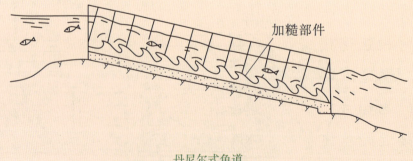

加糙部件

丹尼尔式鱼道

3.横隔板式

横隔板式鱼道主要由进口、池室和出口组成。是利用隔板将水槽上下游的总水位差，分成许多梯级池室，又称梯级式鱼道或鱼梯，这种鱼道是利用水垫、沿程摩阻及水流对冲、扩散来消能，改善流态，降低过鱼孔的流速，并能以调整过鱼孔的形式、位置、尺寸来适应不同习性鱼类的需要。其结构简单，维修方便，近代鱼道大都采用这种形式。

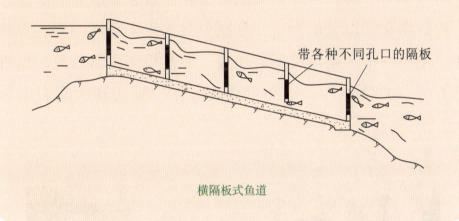

带各种不同孔口的隔板

横隔板式鱼道

二 曹娥江大闸鱼道

鱼道的作用真大，那我们曹娥江大闸的鱼道是怎么设计的呢？

曹小江

  曹娥江的江道内鱼类众多，生活着鳗鲡、中华绒螯蟹等丰富的洄游性水生生物。考虑到大闸的建设势必会切断它们的洄游通道，设计师和建设者们为了尽量减少对水生态环境的不利影响，便在大闸设计了两条鱼类洄游通道。因曹娥江河口较宽，鱼道被设置在左、右两侧，鱼道布置在大闸左岸堤防和大闸右岸导流堤上。

曹娥江大闸鱼道实景图

曹娥江大闸鱼道结构

曹娥江大闸的每条鱼道长度约为 500 米，鱼道净宽 2.0 米，底部设厚 0.25 米隔板，顶部设撑梁。从上游到下游均分为三段，上游段、下游段为敞开式矩形槽结构，中间段为封闭式箱形结构。利用鱼道口的闸门和胸墙抵挡钱塘江潮水，胸墙顶高程为 8.3 米，胸墙底高程为 5.0 米，门底高程为 0.6 米。在工作闸门的下游侧还设有一道检修闸门，鱼道出口处则设置一道检修门槽。大闸还在左右岸各设了一座鱼道观察室。

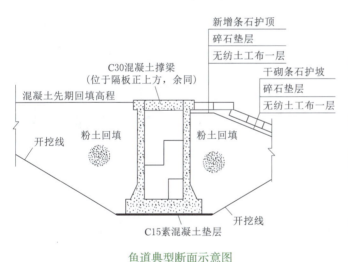

鱼道典型断面示意图　　　　　曹娥江大闸鱼道物理模型

鱼道的运行

在每年的 3 月、5 月和 6 月，鳗鲡和中华绒毛蟹幼苗洄游时段，曹娥江大闸会开启鱼道纳苗；在 3 月和 6 月幼苗洄游的旺季，上游花山站流量超过 100 立方米 / 秒，下游潮水位略超过闸前水位

时，运行人员会开启大闸泄洪孔进潮纳苗，进潮量的大小以不影响闸上水库水质为原则，根据泄洪后新三江闸下游水质检测情况确定。

每年的 10 月、11 月和 12 月，是鳗鲡、中华绒毛蟹、鲻鱼、鲈鱼成体入海的繁殖时段，这个时候，大闸的运行人员便会再次开启鱼道过鱼。同时为了鱼儿的洄游产卵，运行人员也会在考虑到水流流速和洪水及潮水情况来决定是否同时开启大闸泄洪孔过鱼。

在过鱼季节，特别在过鱼季节初期，大闸连续关闭不泄水，则打开鱼道。过鱼时，确保鱼道进口水深不小于 1.0 米。每天具体时间要求为钱塘江退潮，潮位略低于曹娥江大闸上游水位时。

除了较为固定的运行方式，运行人员还会根据实际观察情况及时调整鱼道闸门运行方式，合理确定鱼道开启时间、流速、闸门开度，以适应不同种鱼类的洄游习性，保证鱼类洄游的安全和畅通。

三 鱼类洄游

曹小娥

什么叫"鱼类洄游"呀？

鱼类出于繁殖、索饵或越冬的需要而进行的定期、有规律的迁徙。

大闸

曹小江

那什么叫鱼类的"半洄游"？

有些纯淡水鱼为了产卵、索饵或越冬，从进水水体（如湖泊）洄游到流水水体（如江河），或从流水水体向静水水体的洄游。

大闸

大闸

鱼类的洄游有哪些类型？

按鱼类的不同生理需求分类：产卵洄游（生殖洄游）、索饵

127

洄游和越冬洄游（季节性洄游）。

按鱼类生活的不同阶段分类：成鱼洄游和幼鱼洄游。

按鱼类所处的不同生态环境分类：海洋鱼类的洄游、溯河性鱼类的洄游、降海性鱼类的洄游和淡水鱼类的洄游。

鱼类洄游（源自网络）

曹小娥

大闸的鱼儿们是往哪个方向洄游的呀？

鱼道的进、出口体现了鱼的洄游方向。若鱼从下游往上游上溯，则鱼道进口位于下游侧；反之，如果鱼从上游往下游下溯，则进口段位于上游侧。传统意义上的鱼道多为单向性鱼道，而且通常上游水位高于下游水位，洄游鱼类溯水而上。曹娥江大闸的鱼道则具有双向性的特征，这种特性的形成与外江水位的涨落形成的水头差有关。当钱塘江的水位高于曹娥江水位时，水就由钱塘江流向曹娥江（鱼往下溯），反之鱼朝上溯。

曹娥江鱼类洄游习性

曹娥江每年鳗鲡鱼、蟹苗、鲻鱼苗和鲈鱼苗的上溯洄游时间分别为3月、6月上半月、3月下旬至4月上旬和5月下旬至6月上旬；其成体的江河生殖洄游高峰时间分别为10月上旬至11月上旬和12月。

鱼类洄游特性表

序号	种名	洄游特性
1	鳗鲡鱼	每年秋天（10—11月）成体顺江河入海；春季（3月旺季），鳗苗自河口洄游入江河
2	中华绒毛蟹	每年秋天（10月上旬至11月上旬）开始生殖洄游，从江河洄游到近海河口产卵交配；初夏（相当集中，主要6月上半月）蟹苗溯河洄游
3	鲻鱼	鱼苗洄游高峰5—6月，成体在秋季（12月为旺季）离岸洄游之较深的外海越冬
4	鲈鱼	与鲻鱼相类似

鱼类逆流而上的主要需求分为：产卵、捕食、越冬三类。曹娥江鱼道通过的鱼中大部分是以产卵、捕食需求为主，在温度骤降的刺激下，鱼类也会产生越冬上溯的需求。

曹娥江河口主要洄游性鱼类习性（2014—2015年调查）

主要鱼类	洄游时间	产卵时间
刀鲚	刀鲚属于河口性洄游鱼类，每年春夏之交，端午节前后溯入钱塘江中上游产卵，也有到达富春江水库区。杭州湾刀鲚通过鱼道进入曹娥江产卵	曹娥江水域广泛分布，整年都有，从大闸外进入大闸内分布到上虞进入章镇，最后到达嵊州，尤其5～8月最多。产卵时间一般4月下旬到7月底，水温18～28℃时为产卵盛期，在大闸内、外一带有发现幼鱼

续表

主要鱼类	洄 游 时 间	产 卵 时 间
凤鲚	凤鲚属于河口性洄游鱼类，平时栖息于浅海，每年春季，大量鱼类从海中洄游至河口半咸淡水区域产卵。有的可达杭州湾附近产卵。杭州湾凤鲚通过鱼道进入曹娥江产卵	曹娥江水域数量稀少，在新三江至上虞水域均未发现。凤鲚产卵季节持续较长，从5月中旬直至9月初，5—6月为繁殖期，在大闸内、外一带均有发现幼鱼
暗纹东方鲀	暗纹东方鲀是一种江海洄游性鱼类，具溯河产卵习性。杭州湾有少量暗纹东方鲀通过鱼道进入曹娥江	曹娥江水域数量稀少，在新三江至上虞水域均未发现。每年春末夏初，4月为繁殖期。亲鱼结群由海入江溯河产卵，在大闸内、外一带有发现幼鱼
中国花鲈	花鲈属于河口性鱼类，适应咸淡水生活。全年可溯入钱塘江索饵。8—12月杭州湾花鲈通过鱼道进入曹娥江。4—5月在曹娥江口有大量稚鱼	曹娥江大闸内、外水域数量多，整年都有，但在新三江至上虞水域仅发现和捕获的数量稀少。2—3月为产卵期。2月底到3月初为产卵盛期，水温为4～5℃。4—5月在大闸内、外一带有发现幼鱼
鳗鲡	鳗鲡是一种降海洄游性鱼类，杭州湾鳗鲡通过鱼道进入曹娥江	曹娥江大闸内、外水域有捕获，但数量稀少。产卵期一般在3—7月，在大闸内、外一带有发现幼鱼

科普小讲堂

大闸常见的水生生物

细螯沼虾：生活在淡水，广东常见，一般与日本沼虾混在一起，但数量较少。

中华绒螯蟹：别称河蟹、毛蟹。分布广，沿中国渤海、黄海、东海诸省皆产，在长江流域自崇明至湖北东部沿江各地盛产之。是人们喜爱的传统水产美味，唐代诗人李白曾赞"蟹螯即金液"。

草鱼：分布在中国长江、珠江水系及附属的湖泊、水库、池塘。生性活泼，游泳迅速，常成群觅食。鱼苗阶段摄食浮游动物，幼鱼期兼食昆虫、蚯蚓、藻类和浮萍等，为典型的草食性鱼类。4～5龄为产卵群体，5月中下旬为繁殖盛期。

中国花鲈：分布于中国沿海及各大通海江河，常栖息于河口。暖温性底层鱼类，常溯河洄游到淡水水域觅食，秋末到河口产卵，冬季回到近海。花鲈性凶猛，摄食小鱼、甲壳动物等。产卵期一般为9月中旬至11月，产卵地点于河口相邻海区的近岸。它是大闸鱼道最多的洄游鱼类。

鳗鲡：鳗鲡是亚洲具有重要经济价值的名贵鱼类。分布于中国渤海、黄海、东海、南海及其各通海的淡水河流，为暖温性降河洄游鱼类，栖息于江河、湖泊、池塘等的土穴、石缝里；昼伏夜出，有时可从水中游上陆地，以皮肤呼吸，经潮湿草地移居到别的水域。一般在淡水中肥育，海水中繁殖，开始产卵洄游后，一般不摄食，产卵量约为700万至1000万粒。寿命很长，最长可活50年。

灾害防御的"铜墙铁壁"

台风来啦！据说这回是风、雨、潮三碰头，可厉害了呢！

曹小江

大闸

风大雨大时，要关好门窗，把阳台上的花花草草都拿进屋子里哦！

一 台风小百科

大闸

台风有多"疯"？

一是狂风。台风风速大都在 17 米 / 秒以上，甚至在 60 米 / 秒以上。据测，当风力达到 12 级时，垂直于风向平面上每平方米的风压可达 230 千克。因此台风带来的大风及其引起的海浪，可以把万吨巨轮抛向半空拦腰折断，也可以把一艘巨轮推入内陆，威力之大足以损坏甚至摧毁陆地上的建筑、桥梁、车辆等等。特别是在建筑物在建设期就没有被加固的地区，它造成破坏更大。台风来临的时候，大家在一些纪录片里也时常能看到，呼啸的大风可以把各种地面杂物吹到半空，使户外环境变得非常危险。

二是暴雨。一次台风登陆，降雨中心一天中可降下 100 ～ 300 毫米，甚至 500 ～ 800 毫米的大暴雨。台风暴雨造成的洪涝灾害，来势凶猛，破坏性极大，是最具危险性的台风次生灾害之一。

三是风暴潮。当台风移向陆地时，由于台风的强风和低气压的作用，使海水向海岸方向强力堆积，潮位猛涨，水浪排山倒海般向海岸压去。强台风的风暴潮能使沿海水位上升 5 ～ 6 米。如果风暴潮正好与天文大潮的高潮位相遇，产生高频率的潮位，带来的危险则更大。它会导致潮水漫溢，海堤溃决，冲毁房屋和各类建筑设施，淹没城镇和农田，造成大量人员伤亡和财产损失。

另外台风天气还极易诱发城市内涝、房屋倒塌、山洪、泥石

流等次生灾害。

二　我的抗台日记

大闸

噔噔噔噔，"防汛重器"隆重登场！每次遇到台风天、强降雨等极端天气的时候，就是我发挥作用的重要时刻啦！

　　自 2008 年大闸投入运行以来，这座"中国第一河口大闸"走过了无数的风风雨雨，抵挡了千千万万的涌潮。在"莫拉克""菲特""利奇马""烟花"等多轮台风的侵袭下，岿然不动，换来水平如镜、碧波万顷。

曹娥江大闸

科普小讲堂

科普小讲堂：大闸抵御的台风有哪些？

2013 年"菲特"

"菲特"给浙江带来了狂风、暴雨、高潮，形成的倒槽降水使浙江全境出现罕见洪涝灾害。浙江北部和东部部分县市出现较严重的洪涝灾害。据不完全统计，全省有8个市35个县（市、区）385个乡（镇、街道）309.6万人受灾，直接经济损失22.8亿元，其中农林牧渔业9.8亿元，工业交通运输业6.3亿元，水利设施3.2亿元。绍兴多个大中型水库超汛限水位，绍兴平原南门水位站出现了5.02米的高水位，为历史第二高水位，持续时间近4个小时。

2019 年"利奇马"

"利奇马"是1949年以来登陆浙江省的第三个超强台风，登陆强度排第三位。受"利奇马"影响，绍兴普降暴雨到大暴雨，局部特大暴雨，局地出现极端降水，风雨影响我市近66小时。按照流域最大一日面雨量分析，曹娥江流域总体降雨等级为10年一遇至20年一遇，并且降雨集中在流域中上游，嵊州的黄泽江、新昌的新昌江面雨量超过20年一遇。全市共有5个县（市、区）共44个乡（镇、街道）的水利设施受损，堤防54.34公里。

2021 年"烟花"

  "烟花"是有记录以来首个两次登陆浙江的台风，在陆上长久滞留达 95 小时，为 1949 年以来最长。台风"烟花"寿命奇长，路径诡异复杂，移速缓慢、陆上滞留时间长、风雨强度大、影响范围广，与多系统同期活跃并相互影响，造成中国各地总计 482 万人受灾，直接经济损失 132 亿元。其亦通过水汽输送间接参与影响了"7·20 河南暴雨"灾情。

台风云图（源自网络）

抗台日记（一）——2013 年"菲特"

时间：

2013 年 10 月 5—8 日

影响范围：

浙江全境，特别是北部和东部部分县市出现较严重的洪涝灾害。

降雨情况：

受"菲特"外围云系环流影响，曹娥江流域遭遇强降雨侵袭，流域雨量达到 312 毫米，超过 20 年一遇。绍兴平原雨量达到 331 毫米，接近 50 年一遇，仅次于 1962 年的台风暴雨；虞北平原雨量则达到了 540 毫米，超过 100 年一遇，为新中国成立以来最大值。本次暴雨，绍兴平原（南门）最高水位达 5.02 米，超警戒水位 0.72 米，为水文历史记录第二高水位。

大闸调度：

根据当时绍兴市防指的统一布置，10 月 5 日凌晨至 10 月 6 日晚，调度员们趁退潮时段连续安排四轮预泄，同时两岸平原也进行预泄。一方面，及时排除上游来水，另一方面，降低闸上水位运行，为后面可能到来的强降雨预留调蓄库容。其间我一共预泄了 4 次、启闭闸门 70 门次、排水 1 亿立方米。

10 月 6 日午夜，曹娥江流域开始普降暴雨、曹娥江干流洪水入库之初，我于是赶紧全力泄洪排涝，利用一切可以开闸的时间、开启全部 28 孔闸门排水，通过"一日两开"运行调度争分夺秒抢排上游山区来水，同时尽可能降低闸上江道水位，为两岸平原排涝创造条件。

由于"菲特"正值天文大潮，适逢"风、雨、潮"三碰头，调度员们通过准确研判潮汐规律，候潮启闭运行。经过 5 个退潮时段全力泄流，干流洪水基本消退。10 月 9 日起，我开始改为以两岸平原排涝为主、同时排除山区尾水阶段，利用退潮阶段尽可能延长开闸时间、开启足够孔数闸门，控制闸上持续低水位，方便尽快排出两岸平原涝水，10 月 11 日，基本结束泄洪排涝。这个阶段，我一共接到了 10 次调度令，启闭闸门 258 门次、排水 6.23 亿立方米。

"菲特"影响下的绍兴平原（源自网络）

抗台日记（二）——2021 年"烟花"

时间： 2021 年 7 月 22 日到 7 月 27 日

影响范围： 舟山、宁波、绍兴、嘉兴等地，特别是浙北部分县市出现较严重的洪涝灾害。

降雨情况：

受 6 号强台风"烟花"外围云系环流影响，曹娥江流域遭遇强降雨侵袭，流域雨量达到 329.6 毫米，三日最大降雨量 246.0 毫米，超过 10 年一遇。本次暴雨导致大闸闸上最高水位达到了 5.34 米，是建闸以来最高洪水位；绍兴平原发生内涝，受上游洪水顶托影响，绍兴平原水位处于高水位状态的时间较长，超过警戒水位历时长达 45 小时。

大闸调度：

当时，根据绍兴市防指的统一布置，我在 7 月 21 日中午至

23 日晚，连忙趁退潮时段连续进行了五轮预泄，同时流域两岸的平原也在进行着预泄。调度员让我一方面及时排除上游来水，另一方面尽量降低闸上水位运行，为台风可能带来的强降雨预留充足的调蓄库容。在这段时间里，我一共预泄了 5 次，启闭闸门 90 门次，排水 1.46 亿立方米。

　7 月 24 日凌晨，流域果然开始普降暴雨，我抓紧一切机会全力泄洪排涝，开启了全部的 28 孔闸门排水，候潮抢排，争分夺秒，同时尽可能降低闸上江道水位，为两岸平原排涝创造条件。由于"烟花"正值天文大潮，适逢"风、雨、潮"三碰头，调度员们通过准确研判潮汐规律，候潮启闭运行。经过 12 个退潮时段全力泄流，干流洪水基本消退。7 月 28 日起，我于是转为以两岸平原排涝为主、同时排除山区尾水阶段的开闸方式，利用退潮阶段尽可能延长开闸时间、开启足够孔数闸门，控制闸上持续低水位，继续排出两岸平原涝水。终于，到了 7 月 29 日，我的排涝任务基本结束，安全度过了再一次"危机"。这次台风期间，我一共接受调度 12 次、启闭闸门 336 门次、排水 9.06 亿立方米。

原来大闸守护着我们"战胜"了这么多个强台风呀！但是它只有在台风天才会开启闸门吗？

曹小江

当然不是，我每年平均运行天数达到了约 149 天呢？促进流域水体流动，保障平原水质也有我的一份功劳哦！

大闸

大闸闸门的启闭有严格的规定，由调度员根据流域水情、雨情、潮水等情况发出调度指令，控制大闸开闸时间和启闭闸门数量，大闸运行工作人员 24 小时在岗，根据调度指令要求启闭闸门。

目前，大闸主要的运行调度方式包括日常排水、预泄排水、泄洪排涝、闸下冲淤、水资源开发利用（供水）、改善水环境（引水）和航运等。还有开闸纳苗、临时开闸、应急避险等偶发情况。

日常排水调度：当大闸闸前水位超过正常蓄水位（3.9 米），或者上游工程需要排水时，大闸会按照日常排水方案排放余水。时间一般在白天，按 3~4 小时控制，开闭闸门数 8~20 孔，具体视降雨情况、闸上水位、可开闸门时间而定。

预泄排水调度：根据气象预报与流域水雨情分析，当流域有防洪排涝需要时，预先开启大闸排水，在洪水来临前降低闸上河道水位，为沿江各排涝闸创造有利条件。预泄分为：一般预泄、干旱蓄水期高水位预泄、梅雨预泄、台风预泄。

泄洪排涝调度：当上游出现洪水或绍虞平原有排涝需要时，大闸会在两个及以上的连续退潮时段排水。当遭遇较大洪水（如遇台风强降雨期间），开启闸门数量会达 20 孔以上，为最大限度发挥大闸泄洪排涝能力，运行人员会采取"候潮抢排"的方案，到潮前一小时开始关闭部分闸门，保留部分闸门（如 8~12 孔），直到潮到前完全关闭。

闸下冲淤调度：根据闸下淤积情况，结合曹娥江径流，日常排水结合冲淤进行开闸调度。分为日常排水冲淤、维护潮沟冲淤和洪水前集中冲淤三个阶段调度方案。

水资源开发利用调度：在保证大闸工程及两岸平原防洪排涝

安全的前提下，大闸根据浙东引水调度原则，全力配合浙东引水运行。引水期间，大闸采用"少孔、多开"调度方案，实现"稳定水位、促进流动"运行控制，达到"保障引水、改善水质"引水目标。

三 台风防御

哇，原来大闸这么厉害，下次台风再来，我可以拍拍胸脯自豪地和其他同学介绍了！

曹小江

但是我们自己也要做好防范措施哦，可不能大意。

大闸

我们应该怎么做呀？

曹小江

台风来临前

（1）及时收听、收看或上网查阅台风预警信息，了解政府的防台行动对策。

（2）将阳台、窗台、屋顶等处的花盆杂物等，及时搬移到室内；将低洼地段、江河边等易涝房屋内的家具、电器、物资等，及时转移到高处。

（3）提前准备必要的食物、饮用水、药品以及应急灯等应急用具，保证手机电量充足。

台风来临时

（1）尽量不要外出。

（2）如果在外面，千万不要在临时建筑物、广告牌、铁塔、大树等附近避风避雨。

（3）露天集体活动或室内大型集会应及时取消，并做好人员疏散工作。

台风带来的强降雨很有可能会导致次生灾害，最常见的就是引发洪水。

大闸

啊？洪水多可怕呀，那我们能做些什么呢？

曹小娥

洪水来临时，哪些地方是危险地带？

（1）河床、水库及渠道、涵洞。

（2）行洪区、围垦区。

（3）危房中、危房上、危墙下。

（4）电线杆、高压线塔下。

洪水来袭时，来不及转移怎么办？

（1）向高处转移，如在基础牢固的房顶搭建临时帐篷。

（2）身处危房时，要迅速撤离，寻找安全坚固的处所，避

免落入水中。

（3）除非在水可能冲垮建筑物或水面没过屋顶时被迫撤离，否则待着别动，等水停止上涨再逃离。

（4）当发现救援人员时，应及时挥动鲜艳的衣物、红领巾等物品，发出救援信号。

科普小讲堂

大雨天注意用电安全

1.检查家中电器及线路

对家中电器、线路进行一次大检查，及时更换老化电线和电器，避免带"病"运行，家用电器使用完毕后应及时切断电源。

2.插座要插实

插线板上的插座一定要插实，如果插得不紧，会给电弧的产生创造条件。同时，高负荷用电、私搭乱接电线等行为也极易引发火灾。

3.电线需做防护措施

对容易被雨水浸泡的电线，应采取迁移或架空等防护措施，在潮湿、高温、腐蚀场所内，严禁绝缘导线明敷，应使用套管布线。

4.电器、电线起火时，及时切断电源

家里的电线、电器起火时，要第一时间切断电源，并拨打 119 报警。家中配有灭火器的住户，在安全的前提下可先自行扑救，防止火势蔓延。

四 钱江潮的秘密

曹小娥

大闸建设在钱塘江和曹娥江的河口交汇处，每天都悄无声息地帮我们把钱江潮水阻挡在它的"钢铁臂弯"之外。

是啊，都说钱塘江大潮可厉害了，威力可不小呢！

曹小江

　　杭州钱塘江大潮以磅礴气势和壮观景象闻名于世，并以"一线横江"被誉为天下奇观。钱塘江大潮发生的时间需要按农历计算，农历每个月的月初、月中，钱塘江都会有大潮，这之中又以农历八月十五前后的钱塘江大潮潮涌最大、最为壮观。

钱江潮（源自网络）

146

钱塘江大潮是怎么形成的呢？

大闸

　　钱塘江大潮指发生在钱塘江流域，由于月球和太阳的引潮力作用，使海洋水面发生的周期性涨落的潮汐现象。钱塘江大潮形成的原因是天体引力和地球自转的离心作用，加上杭州湾钱塘江喇叭口的特殊地形所造成的特大涌潮。钱塘江大潮是世界一大自然奇观，每年农历八月十八，钱塘江涌潮最大。

　　首先，这与钱塘江入海的杭州湾的形状，以及它特殊的地形有关。杭州湾呈喇叭形，口大肚小。钱塘江河道自澉浦以西，急剧变窄抬高，致使河床的容量突然缩小，大量潮水拥挤入狭浅的河道，潮头受到阻碍，后面的潮水又急速推进，迫使潮头陡立，发生破碎，发出轰鸣，出现惊险而壮观的场面。河流入海口是喇叭形的很多，但能形成涌潮的河口却只是少数，钱塘潮能荣幸地列入这少数之中，科学家经过研究认为，涌潮的产生还与河流里水流的速度跟潮波的速度比值有关，如果两者的速度相同或相近，势均力敌，就有利于涌潮的产生，如果两者的速度相差很远，虽有喇叭形河口，也不能形成涌潮。杭州湾处在太平洋潮波东来直冲的地方，又是东海西岸潮差最大的方位，得天独厚。所以，各种原因凑在一起，促成了钱塘江大潮的现象。海潮来时，声如雷鸣，排山倒海，蔚为壮观。

科普小讲堂

古代劳动人民的挡潮文化

为了抵御潮水的侵袭，钱江两岸百姓修筑海塘的历史从未间断。从最初的土塘、柴塘，到后来的竹笼石塘、直立式石塘，再到明代浙江按察使司佥事黄光升在浙江海盐创造性修筑的五纵五横的鱼鳞石塘，钱江潮见证了劳动人民的智慧，也见证了中国古代海塘工程建造技术的发展与革新。

在众多海塘中，鱼鳞石塘的修筑方法最为特别。它全部使用整齐的长方形条石呈T形自下而上顺次叠砌。为了解决钱江潮水日夜冲刷，掏挖塘身造成的技术难题，古塘工们依靠生活经验将一样美味的食物作为"秘密武器"带到了古海塘的修筑现场。香甜软黏的糯米被熬煮成汁，与三合土和匀制成了糯米灰浆。掺入糯米汁水的灰浆不仅黏合强度比掺水的灰浆更大、韧性更好，还具备了修筑海塘最需要的优良的防水性能。

历经千万次的冲刷，结构精巧、气势雄伟的鱼鳞石塘至今依旧屹立在钱塘江边。每当海潮袭来，我们还能听到它对布衣草履的建造者们永恒的赞美与歌咏。

"塘在我在、塘损我毁"。为了修筑海塘，历代官员前赴后继，发出了这份对天下苍生的承诺。海宁尖山的塔山坝上的七座衣冠冢面江而立，正是民众为"以身抗潮，殉身自责"的官员立的。在今天的海塘上，我们依然可以看到古时修建钱塘江海塘的"责任人"姓名，他们修筑海塘的长度、筑塘的时间，也依旧清晰地镌刻在鱼鳞海塘的条石上……有形的海塘与无形的"跳塘"精神相融合，最终构成了震撼人心的"潮文化"的政治价值。

古人抗潮（源自网络）

第五节

综合效益的全面发挥

都说大闸是"民生工程"，这么大的水利工程到底发挥了什么作用啊？

曹小江

抵挡了钱江潮呀！
我听说大闸前面还有一个"小水库"呢！

曹小娥

我带你们一起看看吧！

大闸

曹娥江是钱塘江的支流，曹娥江河口是钱塘江河口潮动力最强的河段之一，平均高潮位达到了 3.7 米，最大实测涨、落潮垂线平均流速均接近 5.0 米每秒，涌潮流速更大。大潮时涌潮高度 1.5 米左右，涌潮传播速度约 6.5 米 / 秒。曹娥江口含沙量具有涨潮大于落潮、大潮大于小潮、含沙量变化大等特点。在曹娥江大闸修建之前，两岸百姓饱受"风暴潮"侵害。

曹娥江大闸作为中国沿海河口第一大闸，其建造对于我国未来的江河治理具有示范效应。闸上河道型水库正常蓄水位 3.9 米，相应库容 1.46 亿立方米。曹娥江大闸具有挡潮、蓄淡、防洪、引水、通航等多种功能，它的建成，标志着浙东水利进入一体化时代，绍兴未来发展也由鉴湖时代走向杭州湾时代。

曹娥江大闸俯视图

曹娥江大闸运行十余年来，闸下没有出现过影响排涝的淤积。闸上河道防潮（洪）标准从 50~100 年一遇提高到 100 年一遇以上，萧绍平原的排涝标准达到 20 年一遇。这位仁立河口的绍兴平原

安全卫士，带来了碧波万顷的水脉，开启了新的河湖体系，也用坚实的臂膀成功抵御了"莫拉克""菲特""烟花"等多个超强台风、强台风和梅汛强降雨等多轮极端天气，成为了护佑江河安澜的"最强后盾"。

二　水资源调配的"重要枢纽"

绍兴虽是江南水乡，但缺水问题一直存在。到二十世纪六十年代，我们曾从萧山引水，向河网取水，但都因水质或水量的原因，不能满足供水需求。二十世纪八九十年代，水的问题曾日益成为制约绍兴经济社会发展的一大瓶颈，群众对此呼声强烈。

2003 年，浙东地区以曹娥江大闸为重要枢纽，实施浙东引水工程，对进一步促进浙东地区经济社会可持续发展起到了重要作用。

浙东引水工程是浙东水资源优化配置的重大水利基础设施工程，其主要由曹娥江大闸枢纽、富春江至曹娥江至宁波舟山引水河道（管道）、曹娥江上游蓄水水库群等组成，而曹娥江大闸是整个浙东引水工程的枢纽。

曹娥江大闸的建设为浙东城市群水资源的充分利用发挥着重要的"枢纽工程"作用。主要体现在以下几个方面：

一是为富春江西水东引创造条件。大闸建成后，可实现富春江引水经曹娥江大闸河道水库，向宁波、绍兴、舟山等地输水，解决萧绍平原和姚江平原的缺水问题，并使水系连通一体。

二是为流域上游新建大中型水库创造条件。从防洪及水资源利用出发，曹娥江上游近期的大型水库钦寸水库、镜岭水库等兴建创造了条件。河口建闸后，能有效地阻挡外海泥沙入侵曹娥江，从而避免因上游大中型水库建设带来径流减少而引起下游的河道淤积问题，为上游大中型水库的兴建创造前提条件。

三是使曹娥江径流得到充分利用。大闸建成后，挡潮蓄淡，闸上将形成相应库容达 1.46 亿立方米的条带状河道水库，多年平均增加可利用水量 6.9 亿立方米。

通过曹娥江大闸，将三江两河网等供水水源融为一体，形成一体化供水网络，自建成以来，累计从富春江向浙东地区引水超 50 亿立方米，惠及杭州、宁波、绍兴、舟山 4 个市。在闸上河道内取水的市应急水厂工程也已投入运行，向周边企业供水，置换出小舜江优质水用于居民生活，降低了企业用水成本。

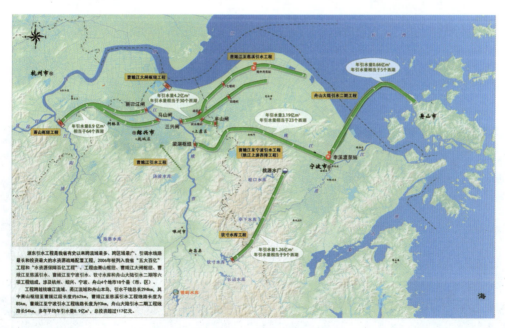

浙东引水工程总布置图

三 守护环境的"绿色标兵"

绍兴因水而名，因水而美，因水而兴。水是生命之源，也是绍兴之源。作为沿海发达地区，绍兴的经济发展了，可水环境却承受着极大的压力。随着纺织印染行业在绍兴成为经济支柱，印染水不加处理直接排放到河流，原先清晰的河水已经不见鱼虾，五颜六色的河流常年散发着恶臭，"三乌"除了乌干菜之外已经在日常生活中绝迹。

治水，再次成为绍兴人民刻不容缓的历史重任。于是，2013年底，绍兴市委、市政府作出了"重构绍兴产业、重建绍兴水城"的重大历史性决策。绍兴通过逐河治理、治理产业、河长带头等措施治理水污染问题，曹娥江大闸的建设进一步改善了河网水环境。

大闸建成后，浙东引水工程常态化运行，通过引水活水，大

绍兴古城内河——八字桥段

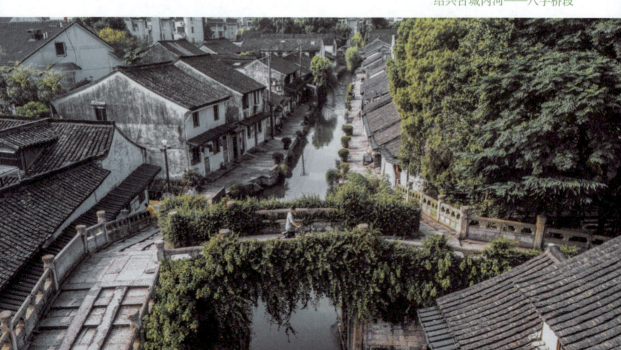

绍兴仓桥直街沿岸

大增强了河网水体流动性和置换能力，提高和改善了河网水质及沿线水环境。沿线 11 个交接断面水质较引水前普遍提高 1 ~ 2 个类别，监控断面全面消灭了劣 V 类水，部分断面可以提升至 Ⅱ 类或Ⅲ类。大闸的建成，使绍兴平原能够从上浦闸上游取水，满足向平原南部提供适当的生态环境水量，实现平原河网水体流动，改善了绍兴城区生态环境。

四　改善航运的"交通纽带"

曹娥江大闸建成后，杭甬运河曹娥江段 9 千米 500 吨级航道通航保证率从建闸前的 50% 左右提高到 95% 以上，为两岸物资运输创造了极大的方便。曹娥江两岸的投资环境因大闸的建成而大为改善，为绍兴大城市北进，开发建设滨海新区创造了有利条件，大大拓展了城市的发展空间，将城市的边缘向海洋延伸，在

浙江推进大湾区建设和长三角一体化进程中，发挥着重要的水利保障作用。

曹娥江大闸和嘉绍大桥

三

我的科普

在浩瀚无垠的大自然之中，水是最具生命力的存在之一，它是地球上所有生命的源泉，也是我们人类文明发展的根基。

水文化引领我们穿越时空，感受不同文化背景下人们对水的敬仰与崇拜。从古至今，无论是古老的河流文明还是现代城市的水景艺术，水都承载了无数的故事与情感，成为了连接过去与未来的纽带。

水工程则是人类智慧与自然力量相结合的伟大成就。从古老文明的灌溉技术到现代水利工程，水利工程师们以创新思维克服重重挑战，建造出一个又一个震撼人心的奇迹。这些水利工程不仅解决了人类生存与发展的问题，更彰显了人类对自然界的敬畏与尊重。

水，不仅是一种物质的存在，它更是文化和精神的载体。就请大家跟随我一起走进科普篇章，继续探索水的奥秘吧！

流域文化小讲堂

在我的工程主体交通桥的左右两侧，工程设计专家们用"阴刻""阳刻"的连环画形式，以流域为主线，分别展现了曹娥江流域的生动传说和曹娥江流域的风景名胜，将绍兴水文化一脉相承地保留了下来，成为了水利工程中水文化与水工程融合的典范。让我们一起来听听这些动人的流域故事吧！

一　娥江流域典故传说

⋯ 百官朝舜

曹娥江流域的下游上虞有个地方叫"百官"，说起这个地名，还和我们的尧舜有着特殊的缘分。

据成书于六朝时的《会稽记》载：上虞姚丘是舜的出生地。又据《孟子·万章上》载：尧崩，尧子丹朱想继承王位，欲置尧定的接班人舜于死地。舜想方设法避丹朱谋害，就退避到今上虞一带，而百官也都随他前来。天下诸侯不去朝觐丹朱，也来到此地朝觐舜，因而有了"百官"的地名。百官背山面江，景色秀丽，镇上原有舜井、舜庙、百官桥三大古迹。

曹娥江大闸交通桥上的《百官朝舜》石刻图

... 投醪出师

越王勾践为报仇雪耻，与国人同甘共苦，经过十年生聚，十年教训，终于国力强盛，决定举师伐吴。

出师时，有长者献上醪酒（带糟的米酒）犒劳三军将士。勾践于是将此酒倒入身旁的河中，与将士们承流共饮。这个举动激发了全军的士气，作战时人人争先，所向披靡，终于击败吴国，报仇雪耻。此河后世称为投醪河或箪醪河，又名劳师泽。宋朝诗人徐天祐有《咏箪醪河》诗曰："往事悠悠逝水知，习流尚想报吴时。一壶解遣三军醉，不比夫差酒作池。"

这首诗极力讴歌了越人为雪耻而同仇敌忾的豪情壮举。如今，这条投醪河依然在绍兴市区静静流淌着千年血脉，向世人讲述着这个无声的故事。

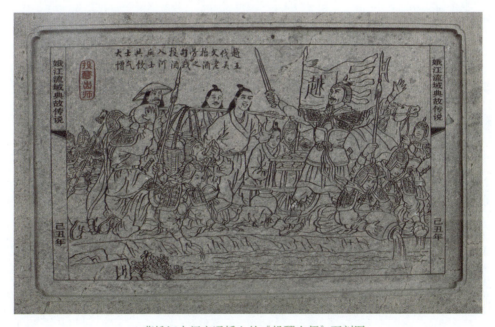

曹娥江大闸交通桥上的《投醪出师》石刻图

一钱太守

东汉时刘宠在会稽做太守。他在任内简繁政，除苛捐，加强地方治安，使老百姓安居乐业。离任时，有五六个老人从山区赶来，要送钱给他，以表示敬意。刘宠盛情难却，从每位老人手中接过一枚铜钱，表示领受了老人们的心意。而到了西小江时，他将这几枚铜钱投入水中，让它们留在越地，以表明他的廉洁自守。据传自刘宠投钱之后，这段江水也变得更加清澈了。为纪念这位勤政清廉、为民造福的太守，人们遂称该地为"钱清"，称这段江河为"钱清江"。直到今天，当地还有纪念刘宠的"清水亭"和"一钱太守庙"等古迹。会稽的百姓尊称刘宠为"一钱太守"。"一钱太守"成了后代廉洁官员的代名词。

曹娥江大闸交通桥上的《一钱太守》石刻图

贺监还乡

　　贺知章，越州永兴（今萧山）人，后移居越州城内，自号"四明狂客"，唐代著名诗人。他长期在长安为官，做过礼部侍郎、太子宾客、秘书监等，人称贺秘监。天宝元年（742），贺知章八十四岁时告老还越州故乡，写下了脍炙人口的《回乡偶书》两首："少小离家老大回，乡音无改鬓毛衰。儿童相见不相识，笑问客从何处来？""离别家乡岁月多，近来人事半消磨。惟有门前镜湖水，春风不改旧时波。"这两首诗充分表达了诗人热爱故乡的强烈感情。因此诗朴实亲切，富有人情味，千百年来流传深广，并成了游子思乡情结的寄托。

曹娥江大闸交通桥上的《贺监还乡》石刻图

二 娥江流域诗歌文学

棹歌行

隋·卢思道

秋江见底清，越女复倾城。

方舟共采摘，最得可怜名。

落花流宝珥，微吹动香缨。

带垂连理湿，棹举木兰轻。

顺风传细语，因波寄远情。

谁能结锦缆，薄暮隐长汀。

观　潮

宋·齐唐

何意滔天苦作威，狂驱海若走冯夷。

因看平地波翻起，知是沧浪鼎沸时。

初似长平万瓦震，忽如圆峤六鳌移。

直应待得澄如练，会有安流往济时。

夜发曹娥堰

宋·喻良能

孤灯乍明灭，隐约小桥边。

野市人家闭，晴天斗柄悬。

秋深风落木，夜静浪鸣船。

却忆前年事，扁舟过霅川。

三　越地水乡传统民俗

　　绍兴，这座静谧的江南水乡，仿佛是一幅淡雅的水墨画，轻轻铺展在波光粼粼的水面上。青砖绿瓦，仿佛时空交错，将人们带回那个悠远的年代。小桥流水，乌篷慢慢，一切都如诗如画，如梦如幻。

　　而绍兴的民俗风情则像是一幅色彩斑斓的长卷，缓缓展开在江南水乡。精彩的社戏，祈求来年风调雨顺，五谷丰登；悠悠的乌篷，每一条船都倾注了工匠们的心血；醇香的黄酒，更是一场漫长的仪式，酿造出时间和技艺的结晶。

　　围绕绍兴的水、历史、文化，在二十一世纪初，绍兴曾掀起过"十大风情"的评选：水乡社戏、鉴水乌篷、咸亨酒韵、南镇祭禹、水街集市、台门遗韵、曲水流觞、龙舟竞渡、茶馆听书、花雕嫁女等 10 项"水乡风情"脱颖而出，成为了越地一片独特的传统风景。

曹小江

今天大禹陵怎么这么多人啊？

大闸

谷雨时节，我们都会在这里举行公祭大禹的仪式来缅怀这位治水英雄呀！

公祭大禹

　　大禹祭典是绍兴市常设节会,采取公祭与民祭相结合的方式。历史上,大禹祭典大致可分为皇帝祭、地方公祭、社团民祭、姒氏宗族祭等不同形式。由皇帝派遣使者,来会稽祭禹者更多。

　　历代祭禹,古礼攸隆,影响巨大。自大禹之子夏王启开端,祭会稽大禹陵已有定例,夏王启首创的祭禹祀典,是中华民族国家祭典的雏形。公元前 210 年,秦始皇"上会稽,祭大禹"。此为历史上第一次由皇帝亲临会稽祭大禹,开创了国家大禹祭典最高礼仪。唐代,有"三年一祭……祀官以当界州长官,有故,遣上佐行事"的地方公祭制度。至宋建隆二年(961),宋太祖颁诏保护禹陵,开始将祭禹正式列为国家常典。而明洪武四年(1371),朱元璋特遣专官告祭大禹,有《洪武四年皇帝遣臣告祭夏禹王文》,遣使特祭由此开始成为制度。清代,康熙、乾隆曾亲临绍兴祭禹,还数十次遣官致祭。民国时改为特祭,每年 9 月 19 日举行,一年一祭。

　　1995 年 4 月 20 日,浙江省人民政府和绍兴市人民政府联合举行了"1995 浙江省暨绍兴市各界公祭大禹陵典礼",承续了中华民族尊禹祀禹的传统,翻开了中华人民共和国新的祭禹典章。公祭每年一祭,五年一大祭,地方民祭和后裔家祭则每年一次,绵延不绝。

　　2006 年 4 月 2 日,绍兴公祭大禹陵时,时任浙江省委书记的习近平致信绍兴市委,对公祭大禹陵活动作出重要指示:"公祭大禹陵是一件十分有意义的事情。大禹以其疏导洪患的卓越功

1995 年公祭大禹典礼（陈晓 摄）

勋而赢得后世敬仰，其人其事其精神，展示了浙江的文化魅力，是浙江精神的重要渊源"。2007 年 4 月 20 日，文化部与浙江省政府共同主办公祭大禹陵典礼，这是中华人民共和国成立后的国家级祭祀活动。

大禹是华夏民族在神州大地奠基立国的一位伟大先祖。大禹的杰出贡献，对中国历史的演进和发展有着深远的影响。大禹陵庙几千年祀典相继，是后人学习大禹明德、弘扬大禹精神的明证，是弘扬民族精神的重要举措，对中华民族起着无可替代的凝聚作用。大禹陵祭典的制度和礼仪，蕴含着十分丰富的民族传统文化。加强对大禹祭典的保护，对传承中华悠久的传统文化有重要的历史价值、人文价值和学术价值。

2006 年 5 月，大禹祭典被列入国家级非物质文化遗产名录，2021 年 2 月被列入绍兴市大运河世界文化遗产保护名录。

2019 年公祭大禹典礼（陈晓 摄）

水乡社戏

水乡社戏是传统社会人们在节日里聚众祭祀并作戏曲歌舞表演的民俗活动，具有祭神和娱人相结合的特点，是绍兴民间最受欢迎的节日民俗活动。

绍兴的社戏大致分为年规戏、庙会戏、平安戏、偿愿戏等几种类型，其中以庙会戏为主。演出程序比较固定，基本按照"闹场—彩头戏—突头戏—大戏—收场"的次序进行。彩头戏、突头戏一般在白天演出，大戏即正戏，则从傍晚开始。社戏的舞台可分成庙台、祠堂台、河台（水台）、街台、草台等几种，其中以河台（水台）最具特色，被称作"水乡舞台"。这是一种极具绍兴水乡特色的伸出式舞台，后台在岸上，前台在水中，为观众创造了一种水上、岸上同时观看演出的条件。绍兴旧时往往一村一戏台，至今仍保留一大批戏台，尤以庙台、祠堂台、水台等样式最为常见，成为绍兴历史上戏曲繁荣的见证。

女子越剧发源地（陈晓 摄）

水乡社戏扎根民间，深受广大观众喜爱，至今仍可在绍兴地区的城市和乡村见到它的影踪。鲁迅的短篇小说《社戏》、散文《无常》等，记叙了童年乘船看社戏的经历。在绍兴看水乡社戏，最让人叫绝的，莫过于乘坐一条乌篷船，一边喝着绍兴黄酒，嚼着茴香豆，一边优哉游哉地看戏。社戏这种古老的民俗，总是在不经意间散发浓浓的人情味和乡土味。

绍兴的水乡社戏汇集和体现了不同剧种的表演风格，也充分展示了当地丰富多彩的民风民俗。2008年6月，绍兴水乡社戏被列入国家级非物质文化遗产名录。2022年11月，越城区孙端街道举办第一届鲁迅外婆家水乡社戏活动，鲁迅挥笔写就的绍兴故事在今日仍焕发出耀眼的光芒。

绍兴鉴湖 钟堰禅寺社戏（朱海港 摄）

绍兴赛龙舟

　　"赛龙舟"，绍兴人俗称"划泥鳅龙船"。一般赛龙舟活动只在端午举行，是纪念屈原的一项活动，但绍兴的赛龙舟在农历三月、五月各举行一次。

　　东汉永和太守马臻首筑鉴湖，遭谗言遇害后，被绍兴百姓尊为湖神。三月赛龙舟，便是纪念马臻马太守的民间活动。从前，包括"十里湖塘"在内的鉴湖上，每年逢农历三月十三这一天，当地百姓都自发搞这项有特色的民祭活动。"乡堡各张凌波军，群龙波浪争掀腾"，到了赛龙舟的日子，各乡村的龙舟队一起上阵，一派热闹景象。

　　明末清初，"赛龙舟"又成为庙会里面的一项内容。在农历五月二十三至二十五，由各村的泥鳅龙舟队集中在大庙前宽阔的河面上进行龙舟赛。每只泥鳅龙船有十四个队员，十二个划船手，一个把舵手。前面一个"掼龙跳"，龙舟中"掼龙跳"的本把要相当好，在某种程度上决定了龙舟赛的胜负；把舵手和划船手亦要协调好。八九只泥鳅龙船在宽阔江面上奋力比赛，拼搏向前，场面十分壮观，河岸观众喝彩声不断，进一步激发了龙舟队员的奋勇向前。

现在赛龙舟已成为一项民间体育活动。绍兴有多支由群众自发组织的龙舟队，经常参加省市相关比赛活动。2008 年 11 月，绍兴赛龙舟被列入绍兴市非物质文化遗产代表性项目名录。

古代水利"万花筒"

从古至今，无数水利人用勤劳与智慧，创造出了一系列伟大的水利工程，不仅解决了人们生活的根本需求，更为后世留下了宝贵的文化遗产。

在这一章，我们将共同探索古代水利工程的奥秘，了解坝如何蓄积水源、闸如何调控水流、堰如何平缓洪峰、渠如何输送生命之源；同时，也将领略浩如烟海的绍兴水利遗产的独特魅力，从浙东运河绍兴段的壮丽景象、诸暨桔槔井灌工程的巧夺天工、到绍兴古桥群的精致典雅，每一处都彰显着古人治水的智慧与匠心。

让我们一起踏上这场穿越时空的旅程，体验古人智慧与自然之力的巧妙结合，共同见证这一次次跨越千年的水利奇迹吧。

一 古代水利工程

曹小江，你知道我们的古人创造了哪些有意思的水利工程吗？

大闸

都江堰？

曹小江

哈哈，快来和我一起学习吧！

大闸

古代水利工程是人类智慧的结晶，其中坝、闸、堰、渠是四种重要的水利设施。

坝用于拦截江河渠道水流，以抬高水位或调节流量。坝的设计多种多样，以适应不同的地理和水文条件。例如，位于山东省泰安市的戴村坝由三段不同高度的坝体组成，能够分级漫水，保证有合适的水量进入大运河。渔梁坝则是新安江上游最古老、规模最大的古代拦河坝，其设计精巧，既能够泄洪防旱，又可截流行船，被称为江南的都江堰。

戴村坝（源自网络）

渔梁坝（方水华　摄）

坝的建筑材料和结构也各不相同。例如，渔梁坝全部是用花岗岩石层层垒筑而成，每垒十块青石就立一根石柱，上下层之间用坚石墩如钉子一般插入，构筑成了坚实的坝体。这些古代水利工程展现了古代人民的智慧和创造力，至今影响着人们的生产生活。

闸主要用于控制水流，具有调节水位、控制流量的作用。它建在河床、河湖岸边或渠道上，利用闸门来挡水和泄水。关闭闸门可以拦洪、挡潮或抬高上游水位，以满足灌溉、发电、航运等需要；开启闸门，则可以宣泄洪水、涝水等，或对下游河道渠道供水。

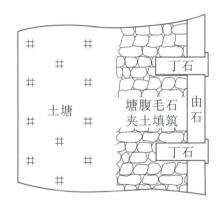

坝

坝，一般指拦截江河水流，用以调节蓄水量或壅高水位的挡水设施。浙东运河上的坝多用来挡潮或壅高上游水位，以改善引水或航运条件。

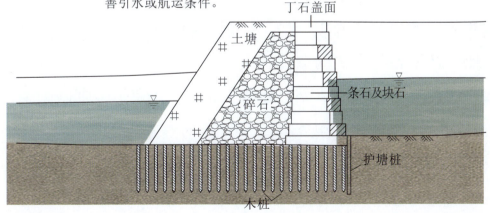

结构示意图（参考浙东运河博物馆布展）

177

闸的类型多样，按功能可分为节制闸、进水闸、分洪闸、排水闸、挡潮闸和冲沙闸等；按闸室结构可分为开敞式、胸墙式、涵洞式等。闸的建筑材料和结构也各不相同，从最初的草泥筑就，后来发展为木构、木石构、砖石构、石构等，日趋坚固完善。

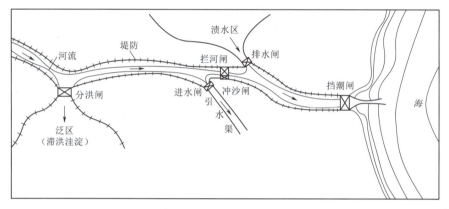

水闸的类型图

堰是古代水利工程中的一种重要设施，主要用于控制上游水位、分流、引水、排泥沙、防洪灌溉等。它是一种横越河川的障碍设施，尺寸比水坝小，水会在障碍物的后面累积成水潭，积满后会越过顶部流往下游。堰的设计精巧，结构奇特，有的全部用巨石砌筑，是中国水利工程史上首次成功采用巨型块石砌筑的重力型拦河滚水坝，如它山堰。有的则利用自然条件，巧妙地设计了各种形式的堰，为人民的生产生活带来了巨大的好处，如都江堰、通济堰等。这些堰不仅具有实用功能，还体现了古代人民的智慧和创造力，是研究我国古代水利工程的珍贵资料。

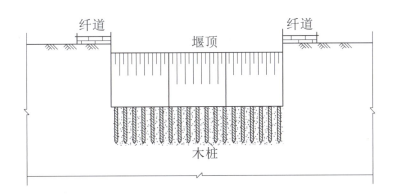

堰 堰，又称为埭，即溢流坝，浙东运河上的堰多用来过船，同时起到抬高上游水位，溢流的作用。

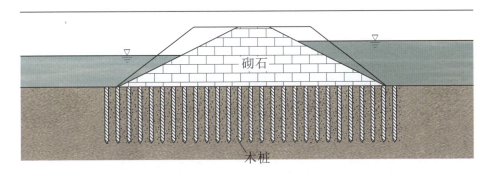

结构示意图（参考浙东运河博物馆布展）

通济堰（源自网络）

渠指的是人工开凿的水道，尤其指那些为了灌溉、航运等建造的水道。古代水利工程中的渠不仅体现了人类利用自然、改造自然的智慧，也是古代文明发展的重要标志。例如，郑国渠、灵渠都是古代著名的水利工程，它们的建设极大地改善了农田灌溉，促进了农业的发展，同时也方便了航运，加强了地区间的经济文化交流。这些渠道设计精巧，结构坚固，充分展示了古代工匠的高超技艺和卓越智慧。了解古代水利工程，不仅可以感受古代先民的治水智慧，还能体悟人水和谐的哲思。

科普小讲堂

我国古代四大水利工程

都江堰

毫无疑问，都江堰是我国最具代表性的古代水利工程，以至于其所在地的城市都以它来命名。这座位于今四川省都江堰市城区以西1公里处的水利工程，始建于公元前256年前后，由秦国蜀郡守李冰主持修建。都江堰可谓是开创了中国古代水利史上的新纪元，是全世界迄今为止仅存的一项伟大的"生态工程"。

李冰主持修建的都江堰，主体工程分为三部分：鱼嘴分水堤、飞沙堰泄洪道、宝瓶口引水口。充分利用当地西北高、东南低的地理条件，三者有机配合，相互制约，引水灌田。

都江堰宝瓶口（源自网络）

鱼嘴：可以根据水流的流量，按固定比例实现分流。在丰水期，经鱼嘴的江水有六成进入外江，四成进入内江，而枯水期则恰恰相反，这便是"分四六，平潦旱"的功效。

飞沙堰：是溢洪道又称"泄洪道"，具有泄洪、排沙和调节水量的显著功能。一般情况下，它属于内江堤岸的一部分，但遇特大洪水时，它会自行溃堤，让大量江水流入外江。

宝瓶口：一道位于玉垒山山脊上的缺口，它起"节制闸"作用，能自动控制内江进水量。

郑国渠

郑国渠是四大水利工程中唯一以人名命名的工程。它于公元前246年（秦王政元年）由韩国水利专家郑国主持兴建，其工程宏伟，前后历时十年才最终完工。

郑国渠位于陕西省咸阳市泾阳县王桥乡的仲山西麓，其东有仲山，地形特点是西北高，东南低。因此，郑国渠充分利用了这一地形，让干渠沿北山南麓最高地带向东伸展，实现分支灌溉。从规划、设计、施工以及用洪用沙等诸多领域，都有众多独到之处，是中国，乃至世界古代水利史上的杰作。

郑国渠（源自网络）

灵渠

北之长城，南之灵渠，这是秦始皇统一天下后，留下的最珍贵的"礼物"。这项工程位于湘桂走廊中心（今广西壮族自治区兴安县境内），建成于公元前214年（秦始皇三十三年），是跨越湘江水系和珠江水系的古运河，与前两个并称为"秦的三大水利工程"。全长37千米的灵渠，设计精巧，由铧嘴、大小天平、南渠、北渠、泄水天平和陡门组成。将海洋河水三七分流，三分入漓江，此渠一通，秦国后方的援兵和补给，得以源源不断地运往前线，极大地支持了前方战事。最终，秦王朝成功地把广大的岭南地区正式地划入中原王朝的版图。

灵渠渠首鸟瞰图（源自网络）

它山堰

它山堰位于宁波市鄞县鄞江镇西侧它山与庙山之间，是我国古代又一伟大工程。它由唐代水利专家王元暐于833年（唐太和七年）主持兴建。当时，由于奉化江河床较浅，所以在多雨季节，经常泛滥成灾；而在无雨季节又很容易干涸，导致海水倒灌，使得咸潮侵蚀土地，当地百姓饱受其害。为此，唐朝廷决定修建它山堰，以减轻水害，造福百姓。它山堰长134.4米，面宽4.8米，皆用长2～3米、宽0.2～0.35米条石砌筑而成，左右各36石级。堰面全部用条石砌筑而成，堰身则为木石结构。

它山堰修建而成后，江河水经过该堰分流两支：一支入月湖，另一支入鄞江和奉化江，灌溉千亩良田，化水害为水利，极大地促进了当地的农业发展。它山堰迄今一千余年，历经数次洪水冲击，仍然保存完好，继续发挥阻咸、蓄淡、引水、泄洪作用。

它山堰（源自网络）

二　绍兴水利遗产

小娥，我们上次去扬州看的中国大运河博物馆真是震撼呀！

曹小江

是啊，里面还提到了我们绍兴呢！

曹小娥

你们是看到了浙东运河吧！

大闸

••• 运河风情　古越文脉——大运河（绍兴段）

纤道漫漫，运河悠悠。当运河遇见水城，是柔与刚的交融，古与今的碰撞。运河为"山水州"增添了诗意的古韵，为"山水郡"涂抹了风雅的底色，为"山水国"书写了华丽的篇章，以其独特的文化为绍兴这座"没有围墙的博物馆"增添别样水色彩。

《越绝书》记载："山阴故水道，出东郭，从郡阳春亭。去县五十里。"此处所说的"山阴故水道"，即由山阴城东到曹娥江的运河，是春秋时期越王勾践修建的。据考证，这一段运河便

是浙东运河最初开凿的部分，因此浙东运河可谓中国最早的人工运河之一。

东汉时期，会稽郡太守马臻主持筑鉴湖，山阴故水道融入鉴湖航道。晋代西兴运河和四十里河的开凿，使浙东运河全线基本形成。由此，自钱塘江经西兴，向东沿鉴湖至曹娥江，再经四十里河通姚江，入甬江通东海。南宋时期，新开虞甬运河，沟通了绍兴和余姚，标志着浙东运河全线贯通。元代以后，浙东运河地位下降。明代开十八里河，为丰惠以东四十里河的复线。二十世纪八十年代，对浙东运河进行改造，形成甲乙两线。2000 年开始建设浙东运河新线拓宽改造工程，新的运河称杭甬运河，仅利用了浙东古运河曹娥江以东洪山湖村至安家渡段。

今天的浙东运河，起点在杭州市滨江区西兴街道钱塘江渡口，终点在宁波市镇海区招宝山入海口，全长 200 余千米。其中大运河绍兴段西自柯桥区钱清街道入境，经柯桥区、越城区至曹娥江，这段又称为萧曹运河（与西兴运河合称）；过曹娥江后分为南北两线，北线即虞甬运河，南线即四十里河，南北两线在陡门堰汇合流入宁波市余姚境内，全长约 101 千米。

2013 年 5 月，大运河绍兴段，包含浙东运河杭州萧山—绍兴段、浙东运河上虞—余姚段、浙东运河古纤道（渔后桥段、皋埠段、上虞段）、曹娥江两岸堰坝遗址（含梁湖堰坝遗址、拖船弄闸口遗址、老坝底堰坝）、虞余运河水利航运设施（含五夫长坝及升船机、驿亭坝），被列为全国重点文物保护单位。

2014 年 6 月 22 日，由京杭运河、隋唐运河、浙东运河组成的中国大运河，经第 38 届世界遗产大会评定，被列入世界文化遗产名录。其中，浙东运河绍兴段（绍兴古运河）被列为世界遗产的点段共有 4 个，即大运河绍兴段河道本体、八字桥、八字桥历史街区、古纤大运河（绍兴段），它位于中国大运河最南端，属于浙东运河，最早开通于春秋晚期，至西晋末年，基本形成，并于宋代进入全盛时期，是中国大运河连接内河航道与外海的纽带，至今仍然发挥着航运和水利功能。运河西自钱清镇入境，向东经柯桥、绍兴城、皋埠、陶堰、东关、曹娥，过曹娥江后，分为南北两支。南支经梁湖、丰惠，到安家渡进入宁波余姚。北支经百官、驿亭，至长坝进入余姚。大运河（绍兴段）流经柯桥、越城和上虞三个区，是绍兴最长的线性文物，由市级部门统一协调监管，故列入越城区范围内统计。[①]

嘉泰《会稽志》中关于"运河"的记载

---

① 本文部分内容参考自《浙水遗韵·理水绍兴》，杭州出版社，2022 年。

浙东运河（何正东 摄）

　　浙东运河作为中国大运河的重要组成部分，具有其独特的价值和地位，是我国保存最好的运河之一、振兴经济的黄金水道、涵养文化的重要源流、海上丝绸之路南起始段。于绍兴而言，2500 年前的山阴故水道，成就越国的春秋霸业，奠定了绍兴的历史基础；西晋疏凿的西兴运河，便利会稽的对外交流，实现了

运河园

绍兴的通江达海；唐代开通的运道塘，提升通航和管理标准，促进了"诗路"和"丝路"的快速发展；南宋运河的全线贯通，维系南宋政权运行的生命线，书写了绍祚中兴的佳话；明清完善的城市水系，圆梦帝王乘舟沿运巡越，绵延了千年水城的荣光。运河不仅促进了绍兴"鱼米之乡""纺织之乡""黄酒之乡"的形成，更吸引了四方来客，璀璨了绍兴的人文。

浙东运河绍兴柯桥段（摘自《绍兴塘与闸》）

浙东运河沿途风光 行人如织 舟楫如梭（摘自《绍兴塘与闸》）

灌溉文明的"活化石"——诸暨桔槔井灌工程

　　元代王祯《农书》引《世本》："尧民凿井而饮。汤旱，伊尹教民田头凿井以溉田，今之桔槔是也。"位于诸暨市赵家镇的桔槔井灌工程，历经数百年沧桑，延续至今，是古老提水器械的"活化石"。2015 年 10 月，诸暨桔槔井灌工程作为全世界目前仅有的、成规模的、仍在使用的古老灌溉工程，成功入选世界灌溉工程遗产名录。

　　古井蓄水，桔槔汲水，这一传统的农耕方式由来已久。"凿木为机，后重前轻，挈水若抽，数如泆汤，其名为槔"，约公元前 300 年，《庄子》中就有记载桔槔提取井水灌溉的方式，并称"有械于此，一日浸百畦，用力甚寡而见功多"。秦汉之际，桔槔和井灌随着农业发展很快遍及中国广大农村，直到二十世纪初逐渐消失。这让人不禁好奇，诸暨赵家镇的井灌工程因何而起？源起何时？为什么能将这独特的灌溉方式保留至今？

赵家镇桔槔井灌工程全景（吴琪均 摄）

黄檀溪，发源于会稽山上谷岭，汇集了山上日夜奔涌的清清醴泉，辗转周折于青山叠翠之间，经泉畈村、花明泉村至赵家，全长 6.5 千米的溪流汇入枫溪江，再汇入浦阳江，奔向钱塘江。沙田畈、夏湖畈、泉畈等是黄檀溪两岸村民主要的耕作土地，这里地处会稽山走马岗主峰下的冲积小盆地，因盆地以砂壤土为主，素有"水至此多伏流，随地掘洼，即得泉源"之说。但由于土质原因，稻田水极易渗漏，往往白天把水灌入稻田，经过一夜渗漏，第二天水田又变成了旱田。于是，村民们在田间挖井，一田一井，利用桔槔以"拗桶"提水灌溉。当地人将这种利用桔槔提水的井称为"拗井"。一口井边一座拗，拗由拗桩、拗横、拗石、拗秤、拗桶组成，利用杠杆原理打水，一桶水提起来省力一半。

诸暨桔槔井灌工程始于南宋，盛于明清。诸暨赵氏宗祠内保存的清嘉庆十四年（1809）"兰台古社碑"记载："赵家一带，阡陌纵横，履畈皆黎，有井，岁大旱，里独丰登，则水利之奇也。"《诸暨兰台赵氏宗谱》中亦记载："天旱水枯，家家汲井以溉稻田。旱久则井亦枯，必俟堰水周流，井方有水。以地皆沙土，上下相通，理势固然。"

赵家镇桔槔井灌工程

据 1993 年《诸暨县志》载，至 1987 年年底，赵家镇黄檀溪两岸有井 3633 眼，灌溉面积 6600 亩。然而在近 30 年的城镇化进程中许多古井被填埋，数量剧减至千余眼。至 2015 年，泉畈村作为拗井保存最为集中的区域，还有古井 118 眼，灌溉面积 400 亩。古井形态各异，有的直径 2 米左右，有的只有 1 米左右，或大或小，不一而足；有的是八角井，有的是六角井，有圆有方，难得统一。其中泉畈何永根家水井口径 1.7 米，底径 2.2 米，井深 4.4 米，以桔槔拗桶提水，由暗渠灌溉周边 10 亩农田。

数百年来，赵家镇一带流传着一首民谣："何赵泉畈人，硬头别项颈，丘田一口井，日日三百桶，夜夜归原洞。"传统的桔槔提水灌溉仍在延续，诸暨桔槔井灌工程遗产不仅完整保留了传统的工程形式和使用方法，使古老的提水器械和早期灌溉文明形式得以保存，而且因其对地下水循环机理的科学运用、对拗井群的科学规划布置、对古井结构的科学设计，以及简易、有效的管理制度等，桔槔井灌工程还具备了一定的科学价值和文化价值。另外，诸暨桔槔井灌在发展演变过程中与越文化融合，衍生出具有浓厚区域特色的"拗井"文化，特别是通过当地民谣、戏剧等文化形式来一一呈现。时至今日，当地村民在农耕文化馆里，在田间地头，仍对桔槔这一古老提水灌溉工具情有独钟，让人忍不住要去使用体验。

　　清新灵动的黄檀溪两岸，古老的桔槔井灌工程作为先民们顺应自然而创造出的智慧遗产，仍然焕发着勃勃生机。古老的拗井点缀在丰饶的田畈之中，桔槔起起落落间提起甘甜的井水滋养着一方水土。申遗成功后，诸暨桔槔井灌工程成为诸暨市联结历史与未来的一张新名片，诸暨人民在保护好遗产的同时，也在积极寻求开发其经济、文化价值的路径，在当地建设美丽河湖、探索水利富民的进程中，致力打造古井古田畈景区、开发独特的农耕文化体验区等，奋力书写诸暨乡村振兴的新篇章。[1]

古井桔槔汲水灌溉

---

　　① 本文部分内容参考自《浙水遗韵·理水绍兴》，杭州出版社，2022 年。

绍兴古桥群

曹小江

今天老师上课说了，"桥是水乡的风骨、水乡的灵魂"。

是啊，我每次站在我们家乡千姿百态的石桥前，看着这些工艺精巧、造型各异的古道石桥，听着那些颇有韵味、妙趣横生的奇闻逸事，都回味无穷。

曹小娥

你们知道吗？它们承载的可不仅是匠人匠心、水乡变迁，更是"一方水土一方人"的风俗民情和文化烙印呀！

大闸

小桥流水枕河人家，青石白墙古巷灰瓦。

绍兴，因水而生，因水而兴，因水而美，因水而名。水与桥紧密结合，清流贯街，石桥处处，偶有"咿呀"的船桨划破水乡的平静，小船从青藤蒙络的桥洞中穿过，戴着乌毡帽的船夫与岸上人不时应声吆喝，真的是人们印象中那如诗如画的江南。

绍兴的古桥历史悠久，桥型系列相对完整，在中国科学技术史上占据着重要地位，连中国著名桥梁专家茅以升也不禁感叹："我国古代传统的石桥千姿百态，几尽见于此乡。"这里的每一座古桥就像是一部部陈旧发黄的古书，记载着水乡厚重的历史，也悄然诉说着那些流传千古的故事。

清康熙《绍兴府志》记载，绍兴"自通衢至委巷，无不有水环之"，街河相依，跨河建桥，五步一登，十步一跨，可谓"无桥不成市，无桥不成路，无桥不成村"。据清光绪十九年（1893）绘制的《绍兴府城衢路图》所示，当时绍兴城内有桥梁229座，城市面积为8.32平方千米，平均每0.03平方千米就有一座桥。据1993年年底统计，全市有桥10610座，也由此被形象地誉为"万桥乡"。

目前，绍兴全市仍然保存的宋代至民国时期的各类桥梁多达700余座，其中宋代以前古桥13座，明代以前古桥41座。从小江小河的平梁桥、石拱桥，到跨入当今世界先进拱券结构的准悬链线拱桥，这座被誉为"古桥博物馆"的城市包罗万象，以石梁桥、石拱桥和拱梁结合型桥三大类型桥为典型，构成了一个极完整的古桥系列，成为中国古代桥梁发展与演化史的缩影。

2001年6月，八字桥被评为全国重点文物保护单位；2013年5月，由八字桥、光相桥、广宁桥、泗龙桥、太平桥、谢公桥、题扇桥、迎恩桥、拜王桥、接渡桥、融光桥、泾口大桥等组成的"绍兴古桥群"被评为全国重点文物保护单位。各地游客络绎不绝地前来，竞相探索这座"桥乡"背后的迷人故事。

八字桥位于越城区府山街道八字桥直街东端的三河交汇处，厚重而斑驳的石块、被雨水冲刷侵蚀的坑洞、纤绳反复拉磨的痕

迹、肆意攀延的野草绿植……林林总总，无一不证明着它所经历的风霜岁月。八字桥建于南宋嘉泰年间（1201—1204），后多次维修，1982 年再行加固性修缮。桥为石梁式，主桥东西向横跨稽山河，总长 32.82 米，桥孔净跨 4.91 米，宽 3.2 米，高 3.48 米。桥上置栏，望柱头雕覆莲。八字桥根据特殊的地形环境，合理设计了跨越三河、沟通四路的桥梁，巧妙解决了复杂的水陆交通问题。因其建在三水汇合处，状如"八"字，古典园林专家陈从周称其为"古代的立交桥"，在中国桥梁建筑史上占据着重要地位。

八字桥（寿鹰翔 摄）

光相桥位于越城区府山街道下大路社区环城北路越王桥西首，旧时桥畔有光相寺，故名。桥体始建于元代，为单孔石拱桥，现桥应为元至正年间（1341—1370）于原址重建。桥身全长 29.55 米，桥面宽 6 米，拱券纵向分节并列砌筑，拱顶石刻莲花等图案。清代文史学家李慈铭曾作诗词感叹："落日来西寺，桥阴堕古松。"1961 年，被列为县级文物保护单位，1989 年 12 月又被列为浙江省重点文物保护单位。古朴的造型保留了宋代以前的风貌，是绍兴市现存最古老的石拱桥之一。

广宁桥位于越城区府山街道长桥直街，城区古运河上。据嘉泰《会稽志》记载，明万历二年（1574）重修，单孔七折边石拱桥。桥身全长 60 米，桥面宽 5 米。拱顶石上题刻"万历二年"等字样。桥下设纤道，可以上下立体交叉通行。自南宋以来，这里一直是纳凉观景之处。站在桥上远眺，古城南诸山之景尽收眼底。桥心正对大善寺塔与龙山，为极好的水上对景。虽历经沧桑，桥碑字迹也认不清一字，然伫立桥上，仍能读尽水乡无声之语。

广宁桥

泾口大桥位于越城区陶堰街道泾口村，横跨浙东运河上。桥始建年代不详，清宣统三年（1911）重建，由三孔拱桥和三孔梁桥组成。桥身全长 46.5 米，桥面宽 3.2 米，拱券纵联分节并列砌筑，薄壁桥墩，各孔跨径均在 6 米以上，中孔略大。拱桥南端落坡连接梁桥。

太平桥位于柯桥区柯岩街道阮社社区阮四村浙东古运河旁，始建于明天启二年（1622），清乾隆六年（1741）、道光五年（1825）相继重修，清咸丰八年（1858）重建，由单孔拱桥和八孔梁桥组合而成。桥身全长 40 米，桥面宽 3.5 米，单孔拱桥高高隆起，拱脚内侧设纤道。桥南侧 T 形踏步与古纤道连接，单孔拱桥北侧为八孔梁桥，桥高度由南至北逐渐降低，每孔跨径 3.5~4.5 米之间不等，保存完整。民间传说，这座桥的名字跟古代的一位"天医"倪涵初有关，倪天医曾在此桥头熬制神药，治好了瘟疫，救治了百姓。因此，百姓都爱到太平桥许下祝福，祈祷太平。

太平桥（陈晓 摄）

谢公桥位于越城区府山街道新河弄社区西端的西小河上。始建年代不详。嘉泰《会稽志》载："谢公桥在新河坊，以太守谢公□所置，故名。"清康熙二十四年（1685）重修，系单孔七折边石拱桥。桥全长 28.5 米，净跨 8 米，桥面呈八字形，顶部净宽 2.95 米。

题扇桥位于越城区府山街道城区河道上。嘉泰《会稽志》载，题扇桥在蕺山下，晋"王右军为老姥题六角竹扇，人竞买之"，桥因此得名。相传，曾有一位穷苦的老妇曾在此卖六角扇，生意冷清。书圣王羲之见了，就在每把扇上都题了词，并嘱咐老妇定要提价出售。世人见是书圣墨宝，竞相争购。"提字助老"的故事也成为一段佳话。现在桥上还竖着"右军题扇处"的石碑。现桥系清道光八年（1828）重建。单孔石拱桥，桥身全长18.5米，桥面宽4.6米。

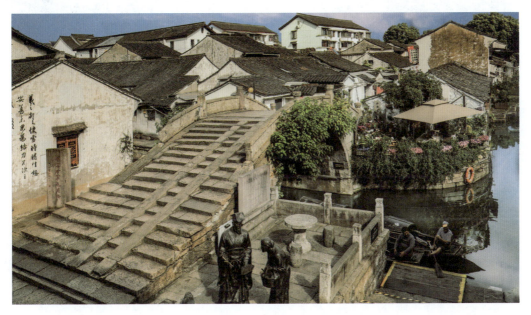

题扇桥（寿鹰翔 摄）

迎恩桥又名菜市桥，位于越城区北海街道运河进城口子处，是古代绍兴水路进城的西边门户，跨浙东大运河。据传，古代帝皇驾临绍兴时，地方官员就在此迎接等候，故因此得名迎恩桥。明代已有此桥记载，据《越中杂谈》载：迎恩桥一名菜市桥，在西郭门外。桥始建于天启六年（1626），方向南北、质料用石，一方洞，桥面广度一丈，上有石栏。现存为清代重修，单孔七折边石拱桥。桥长19米，桥面宽2.7米，桥拱高3.77米。

迎恩桥（阮关利 摄）

拜王桥位于越城区塔山街道府山直街南端。宋嘉泰《会稽志》记载，"拜王桥在狮子街，旧传以为吴越武肃王平董昌，郡人拜谒于此桥，故以为名"。清康熙二十八年（1689），知府李铎重修，单孔五折边石拱桥。桥长 26.3 米，宽 3.7 米，桥高 3.55 米，拱高 3.25 米，净跨 5.7 米。桥拱为纵联分节并列砌筑。

接渡桥位于柯桥区柯桥街道新中泽社区鸡笼江上。清代建筑，由三孔拱桥与两孔梁桥组成。桥身全长 55.45 米，桥面宽 3.2 米，三孔拱券跨径及矢高均等，拱券皆纵联分节并列砌筑，薄壁桥墩，东西两侧为梁桥。原桥北面有一渡口，因桥接渡口，故名。

融光桥位于柯桥区柯桥街道大寺社区，跨浙东运河。始建年代无记载，约建于明成化年间（1465—1487），因桥旁原有融光寺而得名，是柯桥古镇的重要组成部分。桥身全长 23.7 米，桥面宽 3.5 米。拱顶石深浮雕盘龙图案和捐资修桥者姓名，拱脚内侧设纤道。

融光桥（严利荣 摄）

　　泗龙桥位于越城区东浦街道鲁东村，城郊鉴湖上。始建年代不详，民国重修，由三孔拱桥和十七孔梁桥组成，故又称廿眼桥。桥身全长 97 米，桥面宽 3 米。三孔桥拱券纵联分节并列砌筑，中孔略高，桥南侧建桥亭。泗龙桥状如长龙卧波，爱国诗人陆游也曾特别钟情此桥，不仅仅是因其跨湖之壮观，幽雅之山水，更因这座桥北的水村鲁墟，是他魂牵梦萦的祖居之地。

　　这些现存的古桥，有的是中国古代桥梁科技史上杰出的发明创造，具有重要的文物价值；有的充满着江南轻盈灵动的风姿意蕴，是绍兴古建筑中的精品杰作；有的则颇具传统雕刻的深邃魅力，以瑞兽花鸟为题材，赋予吉祥寓意，体现了浓郁的江南特

色。这得益于列入国家级非物质文化遗产名录的绍兴市石桥营造技艺。

泗龙桥（严利荣 摄）

说起绍兴石桥营造技艺，可以追溯到春秋战国之前；至汉代，石拱建桥技术日益成熟；唐宋时期桥梁营造技艺不断提高；清代，石桥营造技艺发展到鼎盛时期。据了解，绍兴石桥营造技艺门类齐全，包括石梁桥、折边拱桥、半圆形拱桥、马蹄形拱桥、椭圆形拱桥、准悬链线拱桥等各类石桥的建造技术。施工建造石桥时也有一套完整的技术方案，从地点选择、桥型设计、基础施工、桥体结构、加工安装到石材运输等均有系统的工序和方法。一般的建筑程序包括选址、桥型设计、实地放样、打桩、砌桥基、砌桥墩、安置拱券架、砌拱、压顶、装饰、保养、落成等环节。

绍兴石桥文化早已成为越文化的重要组成部分。"欢天喜地跨新桥""上城坐船马院桥""哭哭啼啼走庙桥""买鱼买肉过洞桥"……在绍兴悠久的古桥文化中，这些生动的桥谚俗语广为流传，也成为土生土长的"绍兴人"最真实的生活写照。

"垂虹玉带门前事，万古名桥出越州。"绍兴古桥群是古越先人留下的珍贵遗产，也是水乡最独特的文化符号。那纵横交错的水网中虹卧清波的古桥连接了这座城市的街巷过往，经千年而韵味弥新。

第三节

新时代水利"接班人"

穿越近千年的风风雨雨，一代代水利人在家乡这片热土上不断书写着治水兴水的传说与故事，延续着坚韧不拔、科学奋斗的治水精神与文化根脉。你们看！曹娥江畔，一座座惠民、乐民、富民的水利工程"横空出世"，正用创新与实干不断推进着新时代水利高质量发展。

小江，你知道我们城区的水是靠哪个工程"盘活"的吗？

大闸

我知道，是我们的曹娥江引水工程！

曹小江

曹娥江引水工程进口闸站

···曹娥江引水工程

曹娥江引水工程于 2007 年 10 月 16 日开工建设。2010 年 5 月建成。工程主要作用是改善绍兴市区平原河网水质，增加市区河网水体的流动性和水体容量，提升绍虞平原防汛抗旱保障能力。工程主要包括进口河道、进口水体净化站、进口闸站、输水隧道、出口河道和下游配水节制闸等。整个工程东西横穿上虞区、柯桥

区、越城区，至绍兴市区，再向北汇流入曹娥江。引水口位于上浦闸闸上河道小水舜江口，经小舜江、长山头溪通过引水闸进入隧洞，隧洞出口通过箱涵和河道与上灶江相连，再经平水东江至南环河，通过在平水东江、平水西江、禹陵江、环城东河等河道设置节制闸以调节引水流量。曹娥江引水工程的实施，为城区河网引来"源头清水"。通过在曹娥江与城区之间建设一条"清水走廊"，使城市外围自然生态水资源向绍兴城区渗透、融合，加快城区河网水体的流动，使城市水流更加通畅，水质明显改善，进而改善绍兴的城市环境。该工程的实施，还恢复了江南水乡人水和谐的景象，重现江南水乡"小桥、流水、人家"的美景，有利于整合旅游资源，确立绍兴水景，形成"以景为点、以水为线、以城为面"的旅游格局，提升绍兴的旅游品位，促进经济社会的更好更快发展。

原来这就是我们市区水质的"功臣"呀！

曹小江

都说绍兴的水好，我们的水是源自哪里呀？

曹小娥

汤浦水库呀！它可是我们绍兴人的宝贝呢！

大闸

206

∴ 汤浦水库

　　汤浦水库位于绍兴市上虞区、柯桥区、嵊州市三区（市）交界处，流域面积 460 平方千米（其中饮用水源一级保护区面积 52 平方千米，二级保护区面积 406 平方千米），总库容 2.35 亿立方米，属大（2）型水库，设计日最大供水规模为 100 万吨。汤浦水库担负着为越城区、柯桥区、上虞区及慈溪市部分区域供水的重任。

汤浦水库（何惠娟 摄）

　　汤浦水库工程是一项集供水、防洪和改善水环境相结合的综合性水利工程，工程总投资 9.47 亿元，于 1997 年 12 月 8 日动工兴建，1998 年 11 月成功截流，2000 年 4 月大坝工程竣工，开始封闸蓄水。2001 年元旦正式向绍兴、上虞两地供水。2006 年 6 月 19 日，汤浦水库供水二期工程全部完工，2007 年 8 月向慈溪方向正式供水。

工程枢纽由拦河坝、溢洪道、泄洪渠、输水建筑物等组成。

汤浦水库（李洁 摄）

大闸

曹娥江是上虞的母亲河，是我们水乡绍兴的第一大河。

我们家附近有一个新晋网红打卡点特别火，好多市民都喜欢去那里散步。

曹小娥

曹小江

你说的是我们的"城市阳台"吗？

哈哈，我们一起去看看吧！

大闸

曹娥江"一江两岸"景观工程

曹娥江"一江两岸"景观工程自 2003 年始建，原称"曹娥江城防工程"，东岸建成十八里亲水型绿色文化长廊，西岸建成十二里亲水型绿色运动长廊，一江两岸，

上虞区曹娥江"一江两岸"景观工程

一动一静，相互呼应，建成后获得国家水利风景区荣誉。2014 年起，在城防工程基础上，上虞启动"一江两岸"提升改造。工程总投资 10.7 亿元，规划全长约 5.6 千米，总建设面积超 180 万平方米，分三期实施。一二期工程先后建成开放，其中一期核心项目"城市阳台"于 2017 年投入使用。三期工程位于曹娥江两岸的四环大桥至五甲渡大桥之间，占地面积约 78.9 万平方米，主要投资约为 4.4 亿元。三期工程包括江面拓宽改造、湿地公园化生态改造、绿化带建设、生态护岸建设、两岸景观配套工程、沿江夜景专项工程等，以"七天生活策源地"为建设主题，旨在为游客打造一个 24 小时活力的滨水空间，塑造上虞"江城一体"的新形象。

此外，曹娥江"一江两岸"工程还注重生态效益和社会效益的结合，通过加强水利基础设施建设、加固堤防、提升防灾减灾能力等措施，全面保障流域水安全。同时，通过实施平原河网清淤行动、禁止采砂、整治无证或超范围经营砂场等措施，保护和

改善水环境，促进人口经济与水资源相均衡，走出一条经济发展和生态文明相得益彰的河湖治理保护新路子。

该工程的实施不仅提升了上虞的城市形象和品位，也为市民提供了一个休闲娱乐的好去处，同时促进了文旅商的融合发展，成为展示上虞形象和辨识度的地标景观带。

一江两岸风光

大闸

你知道南水北调吗？我们浙江在2021年也实现了浙江版的"南水北调"呢！它的建成实现了浙东水网重构，10年累计调水量约50亿立方米，惠及杭州、宁波、绍兴、舟山4个市、18个县（市、区）、1750多万人口。

曹小娥

哇，这是什么工程啊？好厉害！

曹小江

一起来看看吧！

... 浙东引水工程

浙东地区是浙江省经济社会最发达地区之一，然而水资源相对紧缺，为解决浙东地区水资源短缺问题，二十世纪七十年代开始水利部门做了大量调研工作。省委、省政府领导多次赴浙东引水沿线调研、指导，有力地推进了浙东引水工程建设和管理工作。

浙东引水工程是引钱塘江水向萧绍宁平原及舟山地区提供生活、工业和农灌用水，并兼顾改善水环境，是解决环杭州湾地区水资源平衡、合理配置水资源工作的一个重要组成部分。

工程由萧山枢纽、曹娥江大闸枢纽、曹娥江至慈溪引水、曹娥江至宁波引水、舟山大陆引水二期、钦寸水库等6大骨干工程和区域内其他水利工程组成，跨越钱塘江流域、曹娥江流域、甬江流域和舟山本岛，引水线路总长323千米，总投资超117亿元，是我省有史以来跨流域最多、跨区域最广、引调水线路最长和投资最大的水资源战略配置的重大工程。

海底输水管登岛—舟山大陆引水工程（刘柏良 摄）

钦寸水库

浙东引水工程上虞枢纽（刘柏良 摄）

参 考 文 献

一、古籍文献类

［1］[明] 王士性.《广志绎》卷四.北京：中华书局，1981.

二、著作研究类

［1］陈桥驿.吴越文化论丛 [M] // 历史时期绍兴城市的形成与发展.北京：中华书局，1999.

［2］浙水遗韵编委会.理水绍兴 [M].杭州：杭州出版社，2022.

［3］张伟波.大闸风韵 [M].香港：天马出版有限公司，2012.

［4］张伟波.中国第一河口大闸——曹娥江大闸建设纪实 [M].北京：中国水利水电出版社，2011.

［5］浙江水情宣传中心.浙江水情知识读本(小学版)——关于水的探索之旅 [M].北京：中国水利水电出版社，2019.

［6］马艳艳，闫彦，王秀芝.浙江水情绘本 [M].北京：中国水利水电出版社，2020.

［7］朱元桂.名人说水 [M].杭州：西泠印社出版社，2011.

［8］中国水利博物馆水文化教育课程编写组.水利千秋——穿越千年话水利 [M].杭州：浙江教育出版社，2023.

［9］徐青松.中国第一河口大闸——曹娥江大闸建设论文集 [M].北京：中国水利水电出版社，2012.

［10］姜文来 . 中国水情读本 [M]. 北京：中国水利水电出版社，2015.

［11］国务院南水北调工程建设委员会办公室 . 为了生命之水——中国南水北调工程科普读本 [M]. 北京：中国水利水电出版社，2013.

［12］水利部水情教育中心 . 基础水情百问 [M]. 武汉：长江出版社，2014.

［13］于纪玉，周长勇 . 水与历史发展 [M]. 郑州：黄河水利出版社，2022.

［14］王浩 . 水知识趣读 [M]. 北京：科学普及出版社，2008.